ON DES PETITS MÉMENTOS CROVILLE-MORANT

UEL DE CHIMIE

PAR

QUESTIONS & RÉPONSES

(Second Cycle du Nouveau Plan d'Études)

BACCALAURÉAT

PREMIÈRE ET DEUXIÈME PARTIES

A. BOUCHONNET

Préparateur à la Faculté des Sciences de l'Université de Paris

PARIS

LIBRAIRIE CROVILLE-MORANT
20, rue de la Sorbonne, 20

1904

LIBRAIRIE CROVILLE-MORANT, 20, RUE DE LA SORBONNE, PARI

PETITS MÉMENTOS
DU BACCALAURÉAT
PAR
QUESTIONS & RÉPONSES

Histoire. — Histoire romaine et origines du moyen âge (Sections A et B), par J. Champagnol, in-16. . . . . . 1 fr. »

— Histoire moderne (1715-1815 , Sections A, B, C et D, pa
J. Champagnol, in-16. . . . . 1 fr.

Histoire littéraire. — Réponses aux questions du programme
d'*Histoire des littératures*, par Gasc-Desfossés, 3 volumes in-3
avec tableaux synoptiques.

Histoire de la littérature française. . . . . . . 1 fr. »
   —   —   grecque . . . . . 1 fr. »
   —   —   latine. . . . . . 1 fr. »

Cosmographie. — Manuel pour la première et la seconde
parties du baccalauréat, par G. Ducat, in-16 . . 1 fr. »

Physique. — Manuel de physique, second cycle, baccalauréat
première et seconde parties, par A. Bouchonnet, préparateur
à la Faculté des sciences de l'Université de Paris, 1 vol. in-16
. . . . 1 fr. »

Chimie. — Manuel de chimie inorganique et organique (1re
et 2e parties du Nouveau Baccalauréat), par A. Bouchonnet,
1 volume in-16. . . . . 1 fr. »

Histoire naturelle. — Réponses aux questions du programme
d'*Histoire naturelle* pour le second examen du baccalauréat
par Louis, docteur ès sciences, avec 71 figures, un volume
in-32 . . . . 1 fr. »

Philosophie. — *Résumé analytique du Cours de philosophie*
pour le second examen du baccalauréat, par Ed. Gasc-Desfossés, 1 volume in-16 de 396 pages avec tableaux synoptiques,
broché 2 fr. 50, cartonné toile . . . . 3 fr.

Résumé complet de l'*Histoire de la philosophie*, par Ed.
Gasc-Desfossés, 2e édition, un volume in-32 avec tableaux
synoptiques. . . . . 1 fr. »

Etudes sur les *Auteurs philosophiques*, un volume in-32 de
250 pages . . . . 1 fr »

COLLECTION DES PETITS MÉMENTOS CROVILLE-MORANT

MANUEL DE CHIMIE

PAR

QUESTIONS & RÉPONSES

(Second Cycle du Nouveau Plan d'Études)

BACCALAURÉAT

PREMIÈRE ET DEUXIÈME PARTIES

A. BOUCHONNET

Préparateur à la Faculté des Sciences de l'Université de Paris

PARIS

LIBRAIRIE CROVILLE-MORANT

20, rue de la Sorbonne, 20

1904

PRÉFACE

Ce manuel de chimie, rédigé conformément aux programmes officiels du 31 mai 1902, convient aux candidats des différentes séries (première et deuxième parties de l'examen) du baccalauréat de l'enseignement secondaire.

Pour être fidèle à l'esprit du nouveau programme, nous nous sommes attaché, pour la chimie organique en particulier, à bien faire connaître la constitution chimique et les propriétés principales des corps ; nous avons le plus souvent indiqué le principe de leurs préparations, sans entrer dans les détails.

Nous avons voulu avant tout que ce manuel soit un livre court et substantiel permettant aux candidats de revoir rapidement les connaissances qu'ils ont acquises. Dans ce but, nous avons apporté tous nos efforts pour que la brièveté ne nuise pas à la clarté.

A. BOUCHONNET.

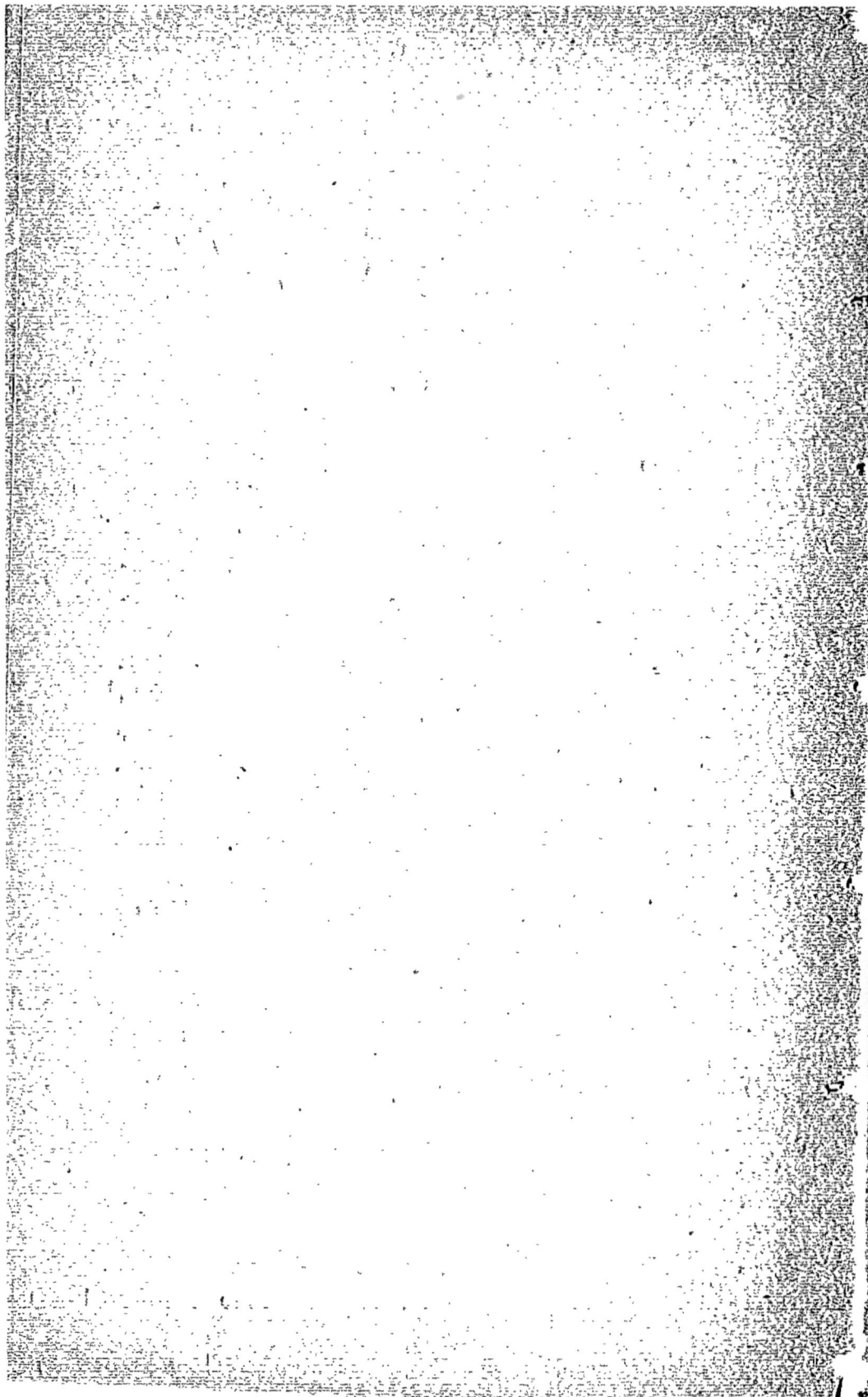

CHIMIE INORGANIQUE

NOTIONS GÉNÉRALES

Quel est l'objet de la chimie ?

La chimie a pour objet l'étude des changements d'état qu'éprouvent les corps au contact les uns des autres et l'examen des conditions dans lesquelles les réactions ont lieu.

Qu'appelle-t-on combinaison chimique ?

La combinaison chimique est l'union intime de deux corps. Ainsi, quand on chauffe ensemble du soufre et du cuivre, ces deux corps s'unissent pour former du sulfure de cuivre noir, ayant des propriétés différentes de celles que possèdent le soufre et le cuivre.

Qu'entend-on par réactions exothermiques et endothermiques ?

Lorsque deux corps se combinent, il y a généralement production de chaleur, c'est-à-dire perte d'énergie. Les corps formés ainsi s'appellent corps *exothermiques*. Il existe cependant des corps qui, pour se combiner, absorbent une certaine quantité de chaleur. Dans ce cas, la réaction est dite *endothermique*.

Qu'entend-on par analyse et synthèse ?

Analyser un corps, c'est le décomposer en ses éléments ; on en fait, au contraire, la synthèse quand on le reconstitue à l'aide des substances qui doivent le former.

Quel est le but de l'analyse immédiate ?

C'est d'isoler les principes chimiques définis, ou *principes immédiats*, dont le mélange constitue la substance donnée. Cette séparation s'effectue le plus souvent à l'aide de dissolvants appropriés qu'on fait agir sur cette substance et dont chacun enlève un ou plusieurs principes immédiats. Ainsi les bases en solution étendue servent à l'extraction des acides végétaux.

Quel est le but de l'analyse élémentaire ?

C'est de déterminer les éléments entrant dans la constitution de chacun des principes immédiats et de doser ces éléments.

Quelles sont les lois pondérales de la chimie?

1° *La loi de Lavoisier* : le poids d'un composé est égal à la somme des poids des composants ; 2° loi des proportions définies ou *loi de Proust* : lorsque deux corps se combinent pour former un même composé, ils s'unissent toujours dans les mêmes proportions ; 3° loi des proportions multiples ou *loi de Dalton* : lorsque deux corps se combinent en diverses proportions pour former plusieurs composés différents, les divers poids de l'un qui se combinent avec un même poids de l'autre sont entre eux dans des rapports simples ; 4° *loi des nombres proportionnels* : quand deux corps se combinent, ils s'unissent suivant des proportions représentées par le rapport de deux nombres caractéristiques de ces deux corps, ou par le rapport de multiples simples de ces nombres. Ces nombres caractéristiques sont appelés nombres proportionnels ; ils forment la base du système adopté pour établir les formules chimiques.

Quelles sont les lois des volumes ?

Lois de Gay-Lussac : 1° Quand deux gaz se combinent, il existe toujours un rapport simple entre les volumes gazeux entrant en combinaison ; 2° il existe toujours un rapport simple entre le volume du composé à l'état gazeux et la somme des volumes gazeux des composants.

Quelle est l'hypothèse d'Avogadro et d'Ampère ?

Dans des volumes égaux de divers gaz, à une même température et à une même pression, il y a le même nombre de molécules.

Comment définit-on la molécule ?

La molécule est la plus petite partie d'un corps

qui puisse exister à l'état de liberté. Un corps est donc formé par la réunion de particules indivisibles, qui sont les molécules.

Qu'entend-on par poids moléculaire et comment le détermine-t-on?

On appelle poids moléculaire d'un corps le poids d'une molécule de ce corps. Pour obtenir le poids moléculaire d'une substance dont on connaît la densité de vapeur, on multiplie cette densité par 28,88.

Qu'entend-on par atome et poids atomique ?

Les corps sont constitués par des molécules et chaque molécule est formée par la juxtaposition d'éléments plus simples qui ont reçu le nom d'*atomes*. L'atome est donc la plus petite quantité d'un corps pouvant entrer dans une molécule.

L'atome de chaque corps simple a un poids constant déterminé qu'on appelle le *poids atomique* de ce corps. On convient de prendre comme unité de poids atomique le poids d'un atome d'hydrogène. Le poids atomique est le p. g. c. d. des poids du même corps qui entrent dans tous les poids moléculaires des composés fournis par ce corps. Le poids atomique d'après cela est égal à 1 et c'est précisément pour obtenir cette unité fondamentale qu'on a pris le poids moléculaire de l'hydrogène égal à 2.

Ainsi, tous les composés (gazeux) du chlore,

pris sous leur poids moléculaire, contiennent au moins 35 gr. 5 de chlore ; 35,5 est donc le plus petit des poids de chlore qui entrent dans une molécule : c'est le poids atomique du chlore.

A défaut de composé gazeux ou volatil, on a recours pour déterminer le poids atomique d'un élément, à des considérations tirées de l'étude des chaleurs spécifiques (loi de Dulong et Petit) ou de l'isomorphisme.

En quoi consiste la nomenclature ?

A désigner chaque corps, simple ou composé, par une expression qui, non seulement le détermine, mais encore indique en même temps sa composition et ses principales propriétés. La nomenclature suppose donc une classification.

Quelle est la classification chimique ?

On distingue d'abord les corps en *simples* (c'est-à-dire qui n'ont pas pu être décomposés jusqu'à présent, ex. : oxygène, soufre) et en *composés* (c'est-à-dire dont on peut extraire deux ou plusieurs substances, ex. : eau se décompose en hydrogène et oxygène). De plus, les corps simples se divisent en *métalloïdes* et *métaux*.

Qu'est-ce qu'un métalloïde ? Qu'est-ce qu'un métal ?

Au point de vue physique, les *métaux* sont caractérisés par un éclat, dit éclat métallique, leur caractère chimique essentiel consiste en ce qu'ils forment avec l'oxygène au moins un oxyde basique.

Les *métalloïdes* sont en général dénués de cet éclat ; ils conduisent mal la chaleur et l'électricité ; enfin ils ne forment jamais d'oxyde basique en se combinant avec l'oxygène.

Comment se fait la notation des corps simples ?

Ils ont reçu des noms rappelant soit une de leurs propriétés, soit une circonstance de leur découverte (chlore, verdâtre ; gallium, découvert en France, etc.). On les note par la première lettres de leur nom de convention. Ex. : oxygène = O, hydrogène = H, mais si plusieurs corps ont la même initiale, on ajoute une lettre supplémentaire. Ex. : C, carbone ; Ca, calcium ; F, fluor ; Fe, fer.

Comment se fait la notation des corps composés ?

Ils se divisent : 1º en composés binaires (oxygénés ou non oxygénés) et 2º en composés ternaires.

Comment se nomment les composés binaires non oxygénés ?

On fait suivre le radical (grammatical) de l'un des deux corps en ajoutant la terminaison *ure* ; pour cette désignation on prend les métalloïdes par ordre de valence, et ensuite les métaux, l'hydrogène servant de transition entre les deux catégories de corps simples. Ex. : chlore (mono-valent) combiné à l'azote (trivalent) s'appellera chlorure d'azote, etc. Quand deux corps simples s'unissent en plusieurs proportions, on désigne ces composés par les préfixes *proto, sesqui, bi*

$$(1, 1\frac{1}{2}, 2).$$

N'y a-t-il pas d'exceptions à cette règle ?

Si, 1º pour les composés de l'hydrogène, le composé qu'il forme avec l'azote s'appelle ammo-niac et non pas azoture d'hydrogène ; les combi-naisons acides d'hydrogène se nomment en ajou-tant au nom du corps la terminaison *hydrique*. Ex. : la combinaison acide du chlore et de l'hy-drogène s'appelle acide chlorhydrique, celle du soufre : acide sulfhydrique ou hydrogène sul-furé ;

2º La combinaison de l'azote et du carbone se nomme non pas azoture de carbone, mais cyano-gène ;

3º Les combinaisons des métaux entre eux se nomment *alliages*, ou *amalgames* dans le cas où il entre du mercure dans l'alliage.

Comment nomme-t-on les composés binaires oxygénés ?

On les distingue en deux catégories : 1º les composés capables de fournir des acides avec les éléments de l'eau ; 2º les composés qui ne four-nissent pas d'acide avec l'eau.

Les premiers sont appelés *anhydrides*. On les

désigne en faisant suivre le radical de la terminaison *ique*. Ex. : anhydride sulfurique. S'il y a
plusieurs composés, on emploie les terminaisons
eux, pour le moins riche en oxygène, et *ique*, et
au besoin les préfixes *proto, sesqui, bi, ter*. Ceux
de la seconde catégorie s'appellent des *oxydes*
qu'on désigne en les faisant suivre du nom du
corps. Ex. : oxyde de cuivre. S'il y a plusieurs
composés, on emploie les mêmes terminaisons et
préfixes que ci-dessus. Ex. : oxyde *azoteux*,
oxyde *azotique, protoxyde* de fer, *sesquioxyde*
de fer, etc. Cependant quelques oxydes ont con-
servé leur nom vulgaire : eau, pour oxyde d'hydrogène ; chaux, pour oxyde de calcium.

*Comment dénomme-t-on les composés ter-
naires ?*

On les distingue d'abord en acides, en bases et
en sels.

Qu'entend-on par acide ?

Tout corps contenant de l'hydrogène capable
d'être remplacé par un métal pour donner naissance à un sel. Ex. : $SO^3 + H^2O = SO^4H^2$ acide
sulfurique, pouvant fournir SO^4Ba, sulfate de
baryum ; on les nomme comme les anhydrides.

Qu'est-ce qu'une base ?

Tout corps capable de donner avec les acides
des doubles décompositions ayant pour résultat
la formation d'eau et d'un sel. On les nomme

hydrates en ajoutant le nom du corps combiné à l'oxygène et à l'hydrogène. Ex. : KOH, hydrate de potassium.

Qu'est-ce qu'un sel ?

Un corps formé par l'action d'un acide sur une base. On les nomme en remplaçant, dans le nom de l'acide, la terminaison *ique* par *ate* ou *eux* par *ite*. Ex. : acide chlorhydrique réagissant sur l'ammoniaque donne le chlorhydrate d'ammoniaque.

Quand un acide donne avec des quantités différentes de base divers sels, on appelle sel *neutre* celui qui est sans action sur la teinture de tournesol : le métal a été alors complètement substitué à l'hydrogène ; les autres sont des sels *acides*, ceux dans lesquels il reste encore un ou plusieurs atomes d'hydrogène.

Qu'est-ce que l'atomicité ? la valence ?

L'*atomicité* est la quantité d'atomes d'un corps simple qui entrent dans la composition de sa molécule. Ex. : la molécule d'hydrogène est H^2, c'est-à-dire 2 atomes pour une molécule, l'hydrogène est diatomique ; la molécule d'oxygène $O^2 = 32$ est également diatomique, etc. La *valence* est la capacité de saturation d'un corps par rapport à un autre, l'hydrogène étant pris comme point de comparaison ou unité. Ex. : le chlore, le potassium sont saturés par 1 atome d'hydrogène, ils sont *univalents* ; l'oxygène, etc., sont saturés par 2 atomes d'hydrogène, ils sont *biva-lents*; l'azote est saturé par 3 atomes d'hydro-gène, il est *trivalent*, etc.

Sur quoi est basée la classification des métal-loïdes ?

D'abord sur leur valence ; de plus, sur leurs propriétés et sur la considération de la grandeur de leur poids atomique.

Voici comment ont été groupés les métalloïdes d'après la classification récente, donnée par M. Moissan :

Hydrogène, hélium.
Fluor, chlore, brome, iode.
Oxygène, soufre, sélénium, tellure.
Néon, argon, krypton, xénon.
Azote, phosphore, arsenic, antimoine.
Bore.
Carbone.
Silicium.

MÉTALLOÏDES

Air

Quels sont les gaz qui entrent dans la composition de l'air ?

L'air est un *mélange* formé d'oxygène (1/5 environ en volume) et azote (4/5). Il contient en outre, mais en très faibles quantités, de l'anhydride carbonique, de la vapeur d'eau, de l'argon et enfin des traces d'ammoniaque, de gaz sulfureux et sulfhydrique et des matières minérales et organiques en suspension.

Comment fait-on l'analyse qualitative de l'air ?

Lavoisier, après avoir chauffé, dans une cornue en verre, du mercure pendant plusieurs jours à une température voisine de 350°, constata que le volume du gaz avait diminué ; que le mercure s'était recouvert de pellicules *rouges* (*précipité per se*, HgO) ; que le gaz restant (Az) était impropre à la combustion. De plus, les pellicules rouges chauffées vers 400° dégageaient un gaz (oxygène) et régénéraient le Hg métallique.

La présence de CO^2 se reconnaît en exposant à l'air une dissolution d'hydrate de calcium (eau de chaux), qui se recouvre de lamelles de carbonate de calcium.

Quant à la vapeur d'eau, elle se dépose dans l'atmosphère sur les corps froids.

Comment fait-on l'analyse quantitative de l'air ?

1° *Par le phosphore à froid ou à chaud.* Le P est placé dans une éprouvette graduée contenant 100 cc. d'air ; l'O se combine avec le P et on constate que le gaz restant est formé de 79 cc. d'Az. Il a donc disparu 21 cc. d'O ;

2° *Par l'eudiomètre.* On y introduit 100 vol. air sec et 100 vol. H pur ; on fait passer l'étincelle ; il reste 137 vol. de gaz. Il a donc disparu 63 vol. pour former de l'eau (c.-à-d. 21 vol. O pour 42 vol. H). Il y a donc 21 vol. O. et par suite 79 Az. dans les 100 vol. d'air analysés ;

3° *Par la méthode en poids (Procédé Dumas et Boussingault).* Cette méthode consiste à faire passer de l'air sur de la tournure de cuivre chauffée au rouge qui absorbe l'O pour donner de l'oxyde de cuivre CuO. L'air passe préalablement dans des tubes en U remplis de potasse et d'acide sulfurique qui retiennent l'acide carbonique et la vapeur d'eau. L'Az est reçu dans un ballon dans lequel on a fait le vide. Le ballon et tous les tubes sont pesés avant et après l'expérience ; et, tous calculs faits, on trouve que l'air est formé de 23 gr. O pour 77 gr. Az.

Cette composition est à peu près constante pour toutes les régions.

Quelles sont les propriétés de l'air ?

Il est incolore, mais paraît bleu sous une grande épaisseur. Ses propriétés chimiques sont celles de l'O atténuées par la dilution de ce gaz dans l'azote.

L'air est-il un mélange ou une combinaison ?

L'air est un mélange parce que : 1° les rapports des volumes d'O et d'Az ne sont pas simples contrairement aux lois des combinaisons ; 2° chacun des deux gaz Az et O de l'air se dissout, en présence de l'eau, comme s'il était seul.

Que savez-vous sur l'air liquide ?

L'air s'obtient aujourd'hui couramment à l'état liquide et sert ainsi dans les laboratoires à la production de très basses températures. Parmi les différents appareils qui permettent de l'obtenir à cet état, celui qui, jusqu'à présent, donne les meilleurs résultats, est l'appareil de Linde.

Cet air liquide peut se conserver assez longtemps dans des vases ouverts ; ces vases sont cylindriques et à double paroi. Entre les deux parois on a fait le vide et les surfaces intérieures de l'espace annulaire sont argentées de façon à protéger l'air liquide contre le rayonnement extérieur.

L'air liquide est un mélange d'azote et d'oxygène liquides qui, comme tous les mélanges, n'a pas de point d'ébullition fixe. Au moment où on le fait écouler de l'appareil, le mélange renferme environ 70 o/o d'azote et son point d'ébullition est seulement de 1° ou 2° supérieur à celui de l'azote. Quand on laisse évaporer le mélange, l'azote, plus volatil, s'élimine beaucoup plus rapidement d'abord que l'oxygène, le liquide s'enrichit en oxygène, le point d'ébullition s'élève et l'on finit par obtenir un mélange renfermant environ 7,5 o/o seulement d'azote et qui distille en conservant sensiblement la même composition à une température à peine supérieure à celle de l'ébullition de l'oxygène pur. En même temps que le point d'ébullition s'élève, le liquide, d'incolore qu'il était, prend peu à peu la teinte bleue de l'oxygène liquide. (On a déjà appliqué ce phénomène à l'obtention industrielle de l'oxygène ne renfermant plus que de petites quantités d'azote).

Enfin, l'air liquide a été solidifié par M. Dewar en plongeant dans l'hydrogène liquide un tube rempli de cet air liquide.

Oxygène : O = 16

Comment prépare-t-on l'oxygène ?

1° En calcinant du bioxyde de manganèse.

L'opération se fait dans une cornue en grès que l'on chauffe dans un fourneau à réverbère.

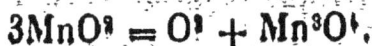

On a :

$$3MnO^3 = O^2 + Mn^3O^4.$$

Mn³O⁴ est l'oxyde salin ;

2° En décomposant le chlorate de potassium.

L'opération se fait dans une cornue en verre que l'on chauffe avec précaution ; le gaz est reçu sur la cuve à eau :

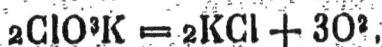

$$2ClO^3K = 2KCl + 3O^2.$$

Si on chauffe doucement le chlorate, la première réaction qui se produit est la suivante :

$$2ClO^3K = KCl + ClO^4K + O^2.$$

Et si on chauffe plus fortement, le perchlorate (ClO⁴K) se décompose à son tour et donne tout son O ;

Pour obtenir de plus grandes quantités d'O, on mélange parties égales de chlorate de potassium et d'oxyde brun de manganèse dans une cornue en fonte (appareil Salleron).

Comment prépare-t-on l'oxygène dans l'industrie ?

Un des procédés les plus simples (procédé Boussingault) consiste à absorber l'O de l'air par de la baryte chauffée au rouge sombre, ce qui donne du bioxyde de baryum :

$$2BaO + O^2 = 2BaO^2. \qquad (1^{re} \text{ phase})$$

Puis on chauffe le bioxyde de baryum au

2

rouge vif, ce qui donne de nouveau la baryte avec un dégagement d'oxygène :

$$2BaO^2 = 2BaO + O^2.$$

Ce procédé avait l'inconvénient de nécessiter des changements de température qui faisaient perdre à la baryte son pouvoir absorbant.

Le *procédé Brin*, actuellement employé, repose sur les phénomènes de dissociation : on fait varier la pression au lieu de la température.

Quelles sont les propriétés de l'O ?

Gaz incolore, inodore, sans saveur, peu soluble, a été difficilement liquéfié ; bout à — 184°.

L'O se combine directement à presque tous les corps simples (portés préablement à l'incandescence). Ces corps s'*oxydent* (combustion).

Une allumette présentant quelques points en ignition se rallume dans l'O. Le C, le S, le P y brûlent avec éclat. De même, le Fe, le Mg :

$$C + 2O = CO^2, \qquad Mg + O = MgO.$$

Ce sont là des *combustions vives*.

Les *combustions lentes* se produisent quand, par exemple, on abandonne à l'air un bâton de P (acide phosphorique, acide phosphoreux et acide métaphosphorique), un morceau de fer (rouille).

Sous quel état l'O existe-t-il dans la nature ?

L'O existe dans les minéraux qui forment l'écorce terrestre (oxydes, silicates, carbonates, etc.), et dans de nombreux composés organiques.

Azote : Az $= 14$

Comment prépare-t-on l'azote ?

1° *Par le phosphore*. Dans une petite coupelle de terre, placée sur un large bouchon de liège qui flotte sur une cuve à eau, on enflamme un morceau de P et on recouvre le tout d'une cloche. Le P brûle aux dépens de l'O ($P^4 + O^5 = P^2O^5$ qui se dissout dans l'eau). L'Az restant dans la cloche contient encore un peu d'O et de CO^2 ;

2° *Par le cuivre au rouge*. On fait passer de l'air préalablement dépouillé de son CO^2 sur du Cu chauffé au rouge ; le Cu s'empare de l'O et l'Az se dégage :

$$Cu + O = CuO.$$

On recueille l'Az dans une cloche sur la cuve à eau ;

3° Par *l'azotite d'ammonium*. On chauffe une dissolution concentrée de ce sel :

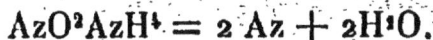

$$AzO^2AzH^4 = 2 Az + 2H^2O.$$

On a par ce procédé, de l'Az pur, exempt d'argon.

Quelles sont les propriétés de l'azote ?

Gaz incolore, inodore, sans saveur. Éteint les corps en combustion. Il partage cette propriété avec CO_2 ; il s'en distingue en ce qu'il ne trouble pas l'eau de chaux.

L'Az et l'O se combinent sous l'influence des éclairs et donnent, avec la vapeur d'eau, de l'acide azotique qui s'unit à l'ammoniaque pour donner de l'azotate d'ammonium contenu dans les pluies d'orage.

$$\text{Eau} : H_2O = 18$$

Comment décompose-t-on l'eau ?

1° *Par l'électrolyse*. Cette analyse, faite au moyen du voltamètre, montre que l'eau est formée d'H (se dégageant à l'électrode négative) et d'O (le volume de ce gaz étant moitié de celui de l'H);

2° *Par le fer au rouge*. On fait passer de la vapeur d'eau dans un tube de porcelaine porté au rouge et contenant du fer ; l'O se combine avec Fe pour donner Fe_3O_4 et H est recueilli sur une cuve à eau.

Comment fait-on la synthèse de l'eau ?

1° *Par l'eudiomètre* (synthèse en volumes). On remplit un eudiomètre à mercure de 100 vol. H et 100 vol. O ; on fait passer l'étincelle électrique dans le mélange, il se produit de l'eau et il reste 50 vol. d'O. L'eau est donc formée de 2 vol. H et d'un vol. O condensés en 2 vol. ;

2° *Par la méthode en poids* (synthèse de Dumas). Cette méthode consiste à faire passer un courant d'H sec et pur sur de l'oxyde de cuivre porté au rouge ; celui-ci abandonne son O et il y a formation d'eau :

$$CuO + H^2 = Cu + H^2O.$$

Cette méthode comportant des pesées est, comme dans le cas de l'analyse de l'air, la plus précise.

Comment recueille-t-on les gaz dissous dans l'eau?

Pour extraire les gaz dissous dans l'eau, on la chauffe dans un ballon dont le col et le tube de dégagement sont aussi remplis de liquide. A l'ébullition, les gaz sont totalement expulsés ; on les recueille sous une éprouvette sur la cuve à mercure.

Quand dit-on qu'une eau est potable ?

Quand elle renferme au plus o gr. 6 par litre de matières solides en dissolution.

Une eau est dite *crue* quand elle renferme plus de o gr. 6 de matières en dissolution ; elle est indigeste, impropre à la cuisson des légumes et au savonnage.

Qu'entend-on par eaux séléniteuses ?

Ce sont des eaux qui renferment en dissolution du sulfate de calcium en quantité notable (au-dessus de o gr. 2 par litre).

Qu'entend-on par eaux minérales ?

Ce sont les eaux qui renferment en dissolution des composés spéciaux tels que le sulfate de sodium, bicarbonate de sodium etc., et qui sont utilisées en médecine.

Quelles conditions doit remplir une eau potable ?

L'eau potable ne doit pas contenir de matières organiques, ni de grandes quantités de sulfate de calcium (eaux séléniteuses) ; il est nécessaire qu'elle soit aérée et il faut qu'elle renferme des matières minérales utiles à la nutrition ou servant, comme le CO^3Ca, à la formation des *os*, mais dont le poids ne dépasse pas cependant o gr. 6 par litre.

Les eaux qui ne sont pas potables peuvent être rendues propres à la consommation en les distillant, puis en les aérant, ou en les filtrant (filtre Chamberland) :

Hydrogène : $H = 1$

Comment prépare-t-on l'H ?

1º On décompose la vapeur d'eau par le Fe au rouge (voir décomposition de l'eau) :

$$3Fe + 4H^2O = Fe^3O^4 + 8H,$$

2º On décompose l'acide chlorhydrique ou l'acide sulfurique par le zinc ou le fer :

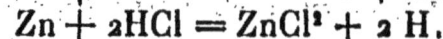

$$Zn + SO^4H^2 = SO^4Zn + 2H,$$
$$Fe + SO^4H^2 = SO^4Fe + 2H,$$
$$Zn + 2HCl = ZnCl^2 + 2H.$$

La réaction se fait à froid. On met le métal dans un flacon bitubulé ; on recueille le gaz sur la cuve à eau.

3° On obtient encore de l'H en projetant dans l'eau un fragment de potassium ; la chaleur dégagée est suffisante pour enflammer l'H mis en liberté :

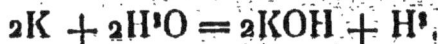

$$2K + 2H^2O = 2KOH + H^2.$$

Quelles sont les propriétés de l'H ?

Gaz incolore, inodore et sans saveur. C'est le plus léger de tous les gaz ; il pèse 14 fois 1/2 moins que l'air. Il traverse avec une très grande facilité les enveloppes (endosmose), membranes, porcelaine non vernissée, métaux chauffés au rouge).

Un vol. O et 2 vol. H détonent au contact d'une flamme.

L'H brûle dans l'air avec une flamme livide (harmonica chimique) en donnant de la vapeur d'eau, qu'il est facile de condenser sur un corps froid. L'H est un *réducteur* énergique ; les oxydes métalliques sont pour la plupart réduits à chaud par l'H qui forme de l'eau et met en liberté le métal ou quelquefois un oxyde moins riche en O que le précédent :

$$CuO + H^2 = Cu + H^2O.$$

Quels sont les usages de l'H ?

L'H est très souvent employé dans les laboratoires surtout comme réducteur ; il sert à gonfler

les ballons; mais, à cause de sa propriété endos-
motique, on lui préfère ordinairement le gaz
d'éclairage.

$$Chlore : Cl = 35,5$$

Comment prépare-t-on le chlore ?

1° Par l'acide chlorhydrique et le bioxyde de
manganèse (*procédé de Scheele*) :

$$MnO^2 + 4HCl = MnCl^2 + 2H^2O + Cl^2.$$

La réaction commence à froid ; on l'active en
chauffant légèrement. On recueille le chlore par
déplacement, parce qu'il attaque le mercure et
qu'il est soluble dans l'eau ;

2° *Procédé de Berthollet*. On remplace HCl
par NaCl + SO⁴H² :

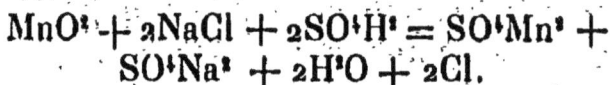

$$MnO^2 + 2NaCl + 2SO^4H^2 = SO^4Mn^2 +$$
$$SO^4Na^2 + 2H^2O + 2Cl.$$

3° *Procédé électrolytique*. On soumet à l'électrolyse une solution de *chlorure de sodium*. On
obtient au pôle + du chlore et au pôle — du
sodium. La cathode est constituée par du mercure avec lequel le sodium s'amalgame ; mais
comme cet amalgame décompose l'eau assez rapidement, on fait circuler ce mercure pour l'amener au contact d'eau pure qu'il transforme en une
solution de soude.

Ce procédé est actuellement très en usage dans
l'industrie.

Quelles sont les propriétés du Cl ?

Gaz jaune verdâtre, odeur irritante ; soluble dans l'eau (entre 0° et 9° cristaux d'hydrate de chlore, $Cl+5H^2O$), se combine directement à tous les corps simples, sauf O, Az et C.

Avec une solution froide et étendue de soude, il donne l'eau de Labarraque ($ClONa + NaCl$) ; avec la potasse, l'eau de javelle ($ClOK + KCl$). L'eau de Labarraque et l'eau de javelle sont des mélanges d'hypochlorites et de chlorures, on les vend dans le commerce sous le nom de *chlorures décolorants.*

Si la dissolution est concentrée ou chaude, il se forme un chlorate au lieu d'un hypochlorite.

Le Cl détermine l'oxydation de l'acide sulfureux et plus généralement de tout corps oxydable ; c'est ce que l'on nomme le pouvoir oxydant du Cl :

$$Cl^2 + H^2O + SO^3H^2 = SO^4H^2 + 2HCl.$$

L'acide sulfhydrique est immédiatement décomposé par le Cl, ainsi que la plupart des composés contenant de l'H :

$$H^2S + Cl^2 = S + 2HCl.$$

Les matières colorantes organiques (encre, vin) sont détruites, soit par l'action du Cl sur leur H (décoloration), soit par oxydation en présence de l'eau (rôle oxydant du Cl). Ce dernier cas se présente dans le blanchiment.

Acide chlorhydrique : HCl

Comment prépare-t-on l'HCl ?

Par l'action de l'acide sulfurique sur le chlorure de sodium (sel marin). On emploie du sel fondu et concassé. On chauffe d'abord légèrement :

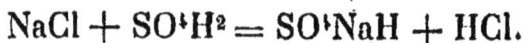

$$NaCl + SO^4H^2 = SO^4NaH + HCl.$$

Dans l'industrie, où l'on peut atteindre une température plus élevée, le sulfate acide de sodium SO^4NaH peut encore attaquer une molécule de sel marin et donner du sulfate neutre SO^4Na^2 :

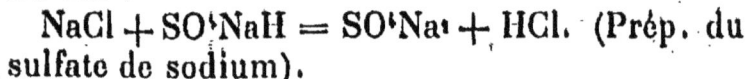

$$NaCl + SO^4NaH = SO^4Na^2 + HCl. \quad (Prép. du$$
sulfate de sodium).

On recueille le gaz sur le mercure (dans les laboratoires) ou on le dissout dans une suite de flacons ou de touries contenant de l'eau (laboratoires et industrie).

Quelles sont les propriétés de HCl ?

C'est un gaz incolore, odeur piquante, saveur acide. Liquéfie à — 80°. Très soluble dans l'eau. Donne divers hydrates. Acide très énergique. Tous les métaux le décomposent, sauf l'or et le platine. Avec le Zn ou le Fe, on a :

$$Zn + 2HCl = ZnCl^2 + H^2.$$

Il se combine avec AzH^3 en donnant des fumées épaisses de AzH^4Cl :

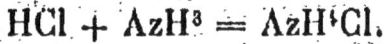

$$HCl + AzH^3 = AzH^4Cl.$$

Comment fait-on la synthèse de HCl ?

La synthèse de HCl a été faite en combinant, à la lumière diffuse, des volumes égaux des deux gaz. On constate que le volume final est la somme des composants, à la même pression, et est totalement absorbé par l'eau.

Quels sont les usages de HCl ?

HCl sert à préparer le Cl et les chlorures et à dissoudre les oxydes (décapage des métaux).

Eau régale

Qu'est-ce que l'eau régale ?

C'est un mélange des acides chlorhydrique et azotique qui dissout l'or, inattaqué séparément par chacun des deux acides.

Soufre : $S = 32$

Comment extrait-on le soufre ?

Le S existe dans la nature à l'état libre dans le voisinage des volcans; et en combinaison, dans les sulfures et les sulfates.

1. On le sépare des matières terreuses, auxquelles il se trouve mélangé, par fusion (calcaroni) ou par distillation (doppioni).

Pour le raffiner, on distille le S ainsi obtenu et on condense les vapeurs dans des chambres en maçonnerie. Suivant la manière de procéder, on obtient du S en fleurs ou du S en canons.

2. On peut encore extraire le S de la pyrite (bisulfure de fer) en calcinant ce minerai dans des cornues à l'abri de l'air :

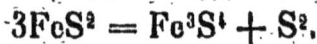

$$3FeS^2 = Fe^3S^4 + S^2.$$

Quelles sont les propriétés du S ?

Le S est un solide jaune citron, insipide, dur, cassant ; d'une odeur caractéristique quand il est frotté. Il est insoluble dans l'eau, soluble en grande quantité dans la benzine, le sulfure de carbone.

Il cristallise en prismes clinorhombiques quand il a été obtenu par fusion ; il fond alors à 117°4. Il cristallise en octaèdres du système orthorhombique après dissolution dans le sulfure de carbone. C'est aussi sous la forme octaédrique qu'on le trouve dans la nature ; il fond alors à 113°.

On appelle S *mou* le soufre qui a été obtenu en coulant dans l'eau le S à 230°; il redevient peu à peu dur et cassant.

On appelle S *insoluble* le résidu que l'on retire après dissolution du S dans le sulfure de carbone.

Le S présente, au point de vue de la fusion, des propriétés curieuses : il fond vers 114° ; le liquide, d'abord jaune clair et mobile, devient foncé et très visqueux vers 220°, puis reprend de la fluidité en conservant sa couleur foncé ; enfin il bout à 440° sous la pression atmosphérique.

Quelles sont les propriétés chimiques du S ?

S est combustible vis-à-vis de O, Cl, Br, I, Fl. Il est comburant vis-à-vis des autres corps. Il a des propriétés sensiblement analogues à celles de l'O. Il brûle avec une flamme bleue et donne SO^2.

Anhydride sulfureux : SO^2

Comment prépare-t-on SO^2 ?

1° On décompose SO^4H^2 par le Cu ou le Hg :

$$Hg + 2SO^4H^2 = SO^4Hg + 2H^2O + SO^2,$$
$$Cu + 2SO^4H^2 = SO^4Cu + 2H^2O + SO^2.$$

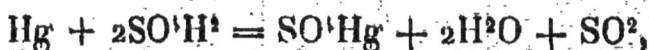

On chauffe légèrement dans un ballon. Le gaz est recueilli sur la cuve à mercure ;

2° On peut encore décomposer SO^4H^2 par le C :

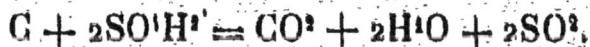

$$C + 2SO^4H^2 = CO^2 + 2H^2O + 2SO^2.$$

C'est ainsi qu'on prépare la dissolution de SO^2 (appareil de Woolf).

On chauffe dans un ballon des fragments de charbon de bois baignés d'acide ;

3° Dans l'industrie, on fait arriver, dans une cornue de fonte tubulée, un filet de SO^4H^2 sur du S fondu :

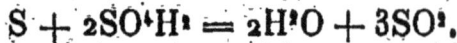

$$S + 2SO^4H^2 = 2H^2O + 3SO^2.$$

4° On utilise aussi la combustion de S et le grillage des pyrites à l'air; le gaz est alors mêlé à l'azote de l'air :

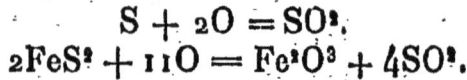

$$S + 2O = SO^2.$$
$$2FeS^2 + 11O = Fe^2O^3 + 4SO^2.$$

Quelles sont les propriétés de SO^2 ?

C'est un gaz incolore, d'odeur piquante et suffocante. Il provoque la toux. Il est très soluble dans l'eau. Il a été liquéfié vers — 8° et solidifié vers — 75°.

Quels sont les usages de SO^2 ?

Il s'emploie dans les maladies de la peau, dans le blanchiment de la laine et de la soie, pour enlever les taches des fruits, pour fabriquer l'acide sulfurique.

Acide sulfurique : SO^4H^2

Comment prépare-t-on SO^4H^2 ?

On met en présence, dans de grandes chambres de plomb, SO^2, des vapeurs nitreuses (Az^2O^3), de l'air et de l'eau.

En présence de SO^2 et de la vapeur d'eau,

l'anhydride azoteux donne SO^4H^2 et est réduit à l'état d'AzO :

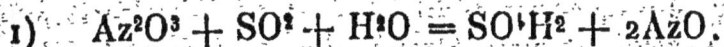

1) $Az^2O^3 + SO^2 + H^2O = SO^4H^2 + 2AzO.$

AzO s'oxyde ensuite aux dépens de l'O de l'air et donne du sulfate acide de nitrosyle (cristaux des chambres de plomb).

2) $2AzO + 3O + 2SO^2 + H^2O = 2[SO^4(AzO)H].$

Lorsque ces cristaux sont en présence d'un excès d'eau, ils donnent :

3) $2[SO^4(AzO)H] + H^2O = 2SO^4H^2 + Az^2O^3.$

L'acide sortant des chambres de plomb ne marque que 55° Baumé ; on lui enlève l'excès d'eau qu'il contient en le chauffant d'abord dans des bassines en plomb, puis dans des vases en platine ou en verre. Concentré, il atteint 66° B.

Quelles sont les propriétés de SO^4H^2 ?

SO^4H^2 à 66° B. est un liquide incolore, inodore, huileux : $d = 1,84$. Il bout vers 325° et se congèle à — 34°.

La chaleur le décompose au rouge en SO^2, O et H^2O.

Il est réduit par les métaux tels que Cu, Ag, Hg.

Il est très avide d'eau et ce mélange semble une véritable combinaison dégageant de la chaleur.

Quels sont les usages de SO^4H^2 ?

SO^4H^2 est le plus employé de tous les acides.

En dehors de ses usages courants dans les laboratoires, il est consommé, en quantités énormes, pour la fabrication du sulfate de sodium, de l'acide stéarique (bougies), de l'acide azotique, le décapage des métaux, etc.

Hydrogène sulfuré : H^2S

Comment prépare-t-on H^2S ?

1° On décompose le sulfure de fer par un acide, SO^4H^2 ou HCl :

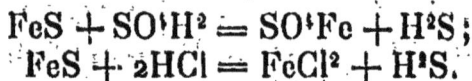

$$FeS + SO^4H^2 = SO^4Fe + H^2S;$$
$$FeS + 2HCl = FeCl^2 + H^2S.$$

On se sert d'un appareil identique à l'appareil à H. Comme FeS artificiel contient du fer libre, le gaz est mêlé d'H. On le recueille sur la cuve à mercure ;

2° On décompose le sulfure d'antimoine par de l'acide chlorhydrique concentré :

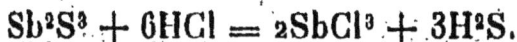

$$Sb^2S^3 + 6HCl = 2SbCl^3 + 3H^2S.$$

L'opération se fait dans un ballon que l'on chauffe légèrement.

Quelles sont les propriétés de H^2S ?

C'est un gaz incolore, d'une odeur fétide (œufs pourris). Facilement liquéfiable. L'eau à 0° en dissout environ 4 volumes.

Il est très vénéneux ; respiré en quantité suffisante il produit un évanouissement subit et l'asphyxie.

Lorsqu'on l'enflamme il brûle aux dépens de l'O de l'air, avec une flamme bleue en donnant de l'eau et SO².

La chaleur le décompose au rouge en ses éléments (H et S).

Le Cl le décompose :

$$H^2S + Cl^2 = 2HCl + S,$$

Les métaux le décomposent aussi en donnant des sulfures :

$$Fe + H^2S = FeS + H^2.$$

Un grand nombre de sulfures métalliques donnent également des sulfures insolubles (précipités).

Composés oxygénés de l'azote

Quels sont les principaux composés oxygénés de l'azote ? Caractères généraux.

Les principaux composés oxygénés de l'azote sont :

L'oxyde *azoteux* : Az^2O ;

L'oxyde *azotique* : AzO ;

L'anhydride *azoteux* Az^2O^3 et l'*acide azoteux*: AzO^2H ;

L'anhydride *azotique* Az^2O^5 et l'*acide azotique* : AzO^3H.

Toutes ces combinaisons, prises à l'état gazeux, sont endothermiques ; ce sont par suite des corps que la chaleur décompose facilement. Au point de vue chimique, ils présentent tous ce caractère commun que l'H, sous l'influence de la mousse de platine, les réduit avec formation d'ammoniac.

Acide azotique : AzO^3H

Comment prépare-t-on AzO^3H ?

On décompose l'azotate de potassium par l'acide sulfurique :

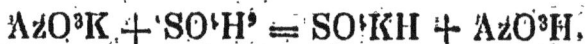

$$AzO^3K + SO^4H^2 = SO^4KH + AzO^3H.$$

L'opération se fait dans une cornue en verre et on recueille l'acide azotique qui distille dans un ballon de verre refroidi.

Dans l'industrie, on emploie plutôt l'azotate de sodium dont le prix est moins élevé et qui, à poids égal, dégage plus d'AzO^3H. On emploie alors une grande chaudière en fonte ; les vapeurs vont se condenser dans une série de bonbonnes en grès contenant un peu d'eau.

Quelles sont les propriétés d'AzO^3H ?

L'acide azotique proprement dit, AzO^3H, appelé aussi *acide monohydraté* est un liquide incolore, de d = 1,52, qui bout à 80° et qui fume à l'air.

L'acide azotique, dit *quadrihydraté*, a pour formule $2AzO^3H + 3H^2O$. On l'obtient par la distillation soit de l'acide AzO^3H, soit de l'acide azotique étendu. Sa $d = 1,42$. Il bout à $123°$.

La chaleur et la lumière décomposent AzO^3H en donnant de l'O, du peroxyde d'azote et de l'acide quadrihydraté.

L'I, le S, le P et l'As sont oxydés par l'acide azotique et transformés en acides iodique, sulfurique, phosphorique et arsénique.

Les métaux, sauf l'or et le platine, sont tous attaqués par l'acide azotique. Le fer présente un phénomène particulier, il n'est attaqué par cet acide qu'à partir d'une certaine dilution : l'acide concentré ne l'attaque pas, mais il le rend *passif* ; on détermine alors son attaque en le touchant avec un fil de cuivre.

Les matières organiques sont oxydées (brûlées) par l'acide azotique qui peut les altérer plus ou moins profondément.

Quels sont les usages de AzO^3H ?

AzO^3H est consommé en grandes quantités dans diverses industries ; celle de SO^4H^2 par exemple, celle des azotates métalliques, de la gravure sur cuivre, de la teinture de la soie, de l'acide oxalique, etc.

Ammoniac : AzH^3

Comment prépare-t-on AzH^3 ?

1° On décompose le chlorure d'ammonium par la chaux :

$$2AzH^4Cl + CaO = CaCl^2 + H^2O + 2AzH^3.$$

L'opération s'effectue dans un ballon légèrement chauffé; on fait passer le gaz dans une
éprouvette contenant de la potasse caustique. On
le reçoit sur la cuve à mercure;

2° On peut décomposer le sulfate d'ammonium
par la chaux :

$$SO^4(AzH^4)^2 + CaO = SO^4Ca + H^2O + 2AzH^3.$$

C'est ainsi qu'on prépare généralement la dissolution du gaz en le faisant passer dans un
appareil de Woolf ;

3° Dans l'industrie, on prépare l'ammoniac en
l'extrayant des eaux de condensation du gaz
d'éclairage ou des eaux vannes dans lesquelles il
existe à l'état de carbonate d'ammoniaque provenant de la fermentation ammoniacale de
l'urine.

Quelles sont les propriétés de l'ammoniac ?

C'est un gaz incolore, d'une odeur vive, pro-
voquant les larmes, d'une saveur âcre. Il est très
soluble dans l'eau qui peut en dissoudre 1040 fois
son volume à 0°. Sa dissolution du commerce,
qui marque 22° B, contient environ 20 o/o de
AzH^3 en poids.

La liquéfaction du AzH^3 fréquemment réalisée
dans l'industrie (production de glace) s'obtient
par compression

La chaleur le décompose au rouge; la présence
d'un métal (fer) facilite beaucoup cette décompo-
position, par suite de la formation d'un azoture
peu stable qui se détruit à son tour.

Le Cl et le Br le décomposent.

Le K et le Na donnent avec l'ammoniac liquide des combinaisons d'aspect métallique (potassammonium et sodammonium).

Le Fe et le Cu chauffés en présence d'AzH³ facilitent sa décomposition et deviennent cassants.

Quels sont les usages de l'ammoniaque ?

L'ammoniaque est employée dans les laboratoires, en pharmacie, dans la fabrication de la glace. C'est un dissolvant des graisses.

Phosphore. P = 31

Comment obtient-on le phosphore ?

On retire le phosphore des os ; ceux-ci sont formés d'une matière organique, l'*osséine* et de matières minérales, principalement de carbonate et de phosphate de calcium.

On traite les os par HCl étendu qui décompose le carbonate et dissout le phosphate ; l'osséine qui reste est chauffée avec de l'eau dans des autoclaves et fournit de la gélatine.

L'HCl en agissant sur le phosphate tricalcique le transforme en phosphate monocalcique.

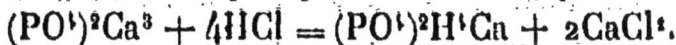

$$(PO^4)^2Ca^3 + 4HCl = (PO^4)^2H^4Ca + 2CaCl^2.$$

Mais le CaCl² et le phosphate monocalcique sont solubles tous deux ; pour séparer ce dernier, on traite la solution par un lait de chaux de façon à précipiter du *phosphate bicalcique* insoluble :

$$(PO^4)^2H^4Ca + Ca(OH)^2 = (PO^4)^2Ca^2H^2 + 2H^2O.$$

ce qui permet de le séparer du chlorure. On le traite alors par SO^4H^2, qui donne du SO^4Ca insoluble et de l'acide orthophosphorique :

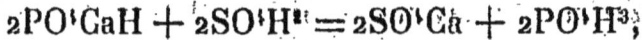

$$2PO^4CaH + 2SO^4H^2 = 2SO^4Ca + 2PO^4H^3;$$

L'acide orthophosphorique est enfin soumis à l'action de la chaleur et du charbon et réduit :

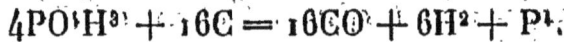

$$4PO^4H^3 + 16C = 16CO + 6H^2 + P^4.$$

La durée de l'opération est d'environ 60 heures. Les vapeurs de P qui se dégagent sont reçues dans des récipients contenant de l'eau. Ainsi obtenu, il n'est pas pur ; on le purifie en le fondant sous l'eau et en le forçant à passer par pression, à travers une plaque poreuse et à travers une couche de noir animal.

Quelles sont les propriétés du P ?

Le P est un solide, de couleur ambrée, translucide, mou et flexible, d'une odeur spéciale. Il fond à 44°2, présente le phénomène de la surfusion (30°) ; il bout à 290°. Insoluble dans l'eau, très soluble dans CS^2, dans la benzine. C'est un poison violent.

Au-dessus de 20°, il s'oxyde, avec *phosphorescence*, dans l'O pur ou dans l'air.

Les métaux attaquent facilement le P. Avec le K et le Na, la réaction est très vive.

Avec les hydrates alcalins, il donne du phosphure d'hydrogène, PH^3, et un hypophosphite.

AzO^3H concentré l'attaque violemment et donne de l'acide phosphorique PO^4H^3 et de l'oxyde azotique AzO.

Qu'entend-on par P rouge ?

En maintenant pendant longtemps à une température élevée le phosphore blanc, on obtient du P rouge. On ne dépasse pas 240°. Cette variété de P est amorphe ou métallisée suivant la température à laquelle il a été obtenu. Il ne fond pas, mais éprouve une transformation inverse (P blanc). Il est insoluble dans le CS^2 ; il n'est pas vénéneux.

Quels sont les usages du P ?

Sa principale application est la fabrication des allumettes. On emploie aussi une pâte, formée de P blanc, de farine et de graisse, pour la destruction des rats.

Carbone : C = 12.

Sous quels états le C existe-t-il dans la nature ?

Le C existe dans la nature, à deux états principaux : à l'état de *diamant* où il est cristallisé, transparent et à peu près pur ; et à l'état de graphite où il est cristallisé, d'un aspect presque métallique et moins pur (2 o/o environ).

Le diamant se trouve dans la nature, principalement dans les terrains d'alluvions. Il cristallise dans le système cubique (octaèdres). On le taille en *rose* ou en *brillants*.

Comment reproduit-on artificiellement le diamant ?

M. Moissan est arrivé à reproduire artificiellement le diamant de la façon suivante : Il chauffe de la fonte de fer en présence d'un excès de C dans l'arc électrique (3500°) ; puis il la plonge dans l'eau : il se produit un refroidissement brusque qui solidifie la surface avant les parties centrales. La fonte augmente de volume en se solidifiant, comme l'eau ; dans l'expérience de M. Moissan, la surface s'étant solidifiée tout d'abord, cette dilatation ne peut se produire et la fonte restée à l'intérieur se trouve soumise à une très haute pression ; dans ces conditions, le charbon se sépare à l'état de diamant noir, de diamant transparent en cristaux presque microscopiques, et de graphite.

Quels sont les usages du graphite ?

Le *graphite* sert à la fabrication des crayons. Mélangé à des matières grasses, il donne une pâte utilisée pour adoucir le frottement de certaines pièces de machines. Enfin on l'utilise en galvanoplastie pour rendre conducteurs les moules en gutta-percha que l'on veut recouvrir de métal.

Quels sont les combustibles naturels ?

1. L'*anthracite*, qui appartient au groupe des fossiles. Il renferme de 87 à 94 o/o de C pur. Il est amorphe : d'un noir brillant. Il brûle diffici-

lement, mais, une fois allumé, dégage en brûlant
une énorme quantité de chaleur.

2° La *houille*, moins riche en C pur (78 à 90 o/o)
comprend les houilles *grasses* qui brûlent avec
longue flamme et les houilles *maigres* qui brûlent avec courte flamme.

3° Le *lignite* est un charbon fossile qui conserve la structure du bois qui lui a donné naissance, brûle facilement. Il contient de 55 à 75 o/o
de C. Le *jais* est une variété de lignite très dur.

4° La *tourbe*, sorte de terreau de couleur
brune.

Quels sont les combustibles artificiels ?

1° Le *coke*, qui est le résidu de la distillation
de la houille en vases clos. Il renferme 90 o/o de
C. Il brûle assez difficilement, mais en grande
masse il fournit une forte quantité de chaleur.

2. Le *charbon de bois*. Quand on chauffe du
bois en vase clos, il se produit un certain nombre
de composés volatils et le résidu de la décomposition est une substance noire, dépourvue d'éclat
et ayant la forme du bois employé : c'est le charbon de bois.

Deux procédés sont employés pour la préparation de ce combustible ; ce sont : le procédé de
carbonisation en meules et le procédé de *distillation en vases clos*.

3° Le *noir animal* qui est le produit de la calcination des os en vases clos. Il possède la propriété remarquable d'absorber les matières colo-

rantes d'origine végétale (décoloration du vin rouge, de la teinture de tournesol).

4° Le *noir de fumée* que l'on obtient en faisant tomber goutte à goutte, dans une cornue de fonte chauffée au rouge, soit de l'huile lourde de houille, soit de la naphtaline brute fondue dans un récipient métallique. On s'en sert pour la fabrication de l'encre d'imprimerie et de l'encre de Chine.

Anhydride carbonique : CO_2

Comment prépare-t-on CO_2 ?

1° Par la décomposition d'un carbonate par un acide.

Dans les laboratoires, on emploie le marbre ou CO_3Ca; l'opération se fait dans un appareil à H, à froid :

$$CO_3Ca + 2HCl = CaCl_2 + H_2O + CO_2.$$

On recueille le gaz sur l'eau bien qu'il soit un peu soluble.

Dans l'industrie, pour la fabrication de l'*eau de Seltz* (dissolution de CO_2 dans l'eau), on emploie la réaction analogue de SO_4H_2 sur la craie (CO_3Ca) :

$$CO_3Ca + SO_4H_2 = SO_4Ca + H_2O + CO_2.$$

2° Par la décomposition d'un carbonate sous l'action de la chaleur.

Ce procédé, usité dans les sucreries et les soudières, est très économique et donne en plus de la chaux vive :

$$CO^3Ca = CaO + CO^u.$$

Quelles sont les propriétés de CO^3 ?

C'est un gaz incolore, odeur piquante, saveur aigrelette. Il est plus lourd que l'air ; $d = 1,529$; assez soluble, $s = 1,80$. Liquéfié à $0°$, à 36 atm. Se solidifie par détente. Impropre à la respiration.

La chaleur décompose CO^2 en CO et O qui se recombinent à température ordinaire plus basse. Le C et l'H lui enlèvent la moitié de son O au rouge :

$$CO^2 + 2H = CO + H^2O ; \quad CO^2 + C = 2CO.$$

L'eau de chaux est troublée au contact de CO^2 par la formation de CO^3Ca insoluble, ce caractère distingue CO^2 de Az.

Oxyde de carbone : CO

Comment prépare-t-on CO ?

1° Par l'acide oxalique et l'acide sulfurique. On chauffe dans un ballon le mélange des deux acides. Un flacon à potasse retient CO^2 et SO^4H^2 n'intervient que comme déshydratant :

$$C^2O^4H^2 = CO + CO^2 + H^2O.$$

2° Par le ferrocyanure de potassium et l'acide sulfurique.

On emploie un excès de SO^4H^2 concentré ; le résidu de l'opération est formé par un mélange de sulfate de potassium, de sulfate d'ammonium et de sulfate ferreux.

3° *Dans l'industrie*, on obtient CO mélangé d'Az en faisant passer un courant d'air sur une longue colonne de coke portée au rouge. Il se produit d'abord CO^2 qui est ensuite réduit par le C en excès :

$$C + CO^2 = 2CO.$$

Quelles sont les propriétés de CO ?

C'est un gaz incolore, inodore, insipide. Très peu soluble dans l'eau. Il est combustible ; il brûle à l'air avec une flamme bleue et se transforme en CO^2, $d = 0,967$.

Il est très délétère. C'est un réducteur énergique ; il réduit à froid les solutions de permanganate de potassium, les sels d'or et l'azotate d'argent ammoniacal. Au rouge, il réduit la plupart des oxydes métalliques et c'est lui qui sert à extraire les métaux de leurs minerais oxydés :

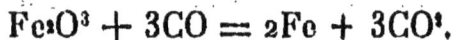

$$Fe^2O^3 + 3CO = 2Fe + 3CO^2.$$

Quels sont les usages de CO ?

Il joue un rôle important dans la métallurgie. On l'utilise aussi comme moyen de chauffage dans les fours Siemens : au lieu de se servir directement de la chaleur fournie par le combustible, on convertit celui-ci en un mélange de CO et d'Az (action de l'air sur le C) et c'est ce gaz, mélangé de nouveau à l'air, qui est employé au chauffage.

Sulfure de carbone : CS²

Comment prépare-t-on le sulfure de carbone? Quelles sont ses propriétés ?

Le CS² est un produit industriel que l'on obtient en faisant passer de la vapeur de soufre sur du C chauffé au rouge :

$$C + 2S = CS²$$

Le sulfure de carbone est un liquide incolore d'une odeur éthérée quand il est pur, et fétide quand il est impur. Bout à 46°, à peine soluble dans l'eau ; se dissout dans l'alcool et dans l'éther. Il dissout un grand nombre de corps : I, S, caoutchouc, matières grasses.

Il est excessivement inflammable ; il prend feu à l'air à partir de 150° et brûle avec une flamme bleue en donnant CO² et SO² :

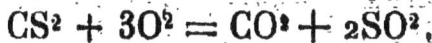

$$CS^2 + 3O^2 = CO² + 2SO^2.$$

Silice = SiO^2

Sous quels états la silice existe-t-elle dans la nature ?

La silice est un des corps les plus répandus dans la nature ; elle constitue le *cristal de roche* (variété pure) *l'agate, l'onyx, l'opale.*

Le *silex*, le *grès*, le *sable*, la *pierre meulière*, l'*argile* sont formées de silice beaucoup moins pure.

Comment obtient-on la silice ? Quelles sont ses propriétés ?

Pour obtenir SiO_2, on décompose par HCl une solution de silicate de sodium. Le précipité gélatineux obtenu est ensuite, lavé, séché et calciné.

La silice, incolore lorsqu'elle est pure, peut être fondue au moyen de chalumeau oxhydrique. M. Moissan est arrivé à la volatiliser facilement au moyen du four électrique.

Le C et le Bo sont les seuls métalloïdes qui décomposent SiO_2 et à la température du four électrique. Tous les acides, à l'exception de l'acide fluorhydrique, sont sans action sur SiO_2.

Acide borique : BO_3H_3

D'où retire-t-on l'acide borique ?

L'acide borique est un produit industriel dont les deux sources principales sont actuellement les *soffioni* de la Toscane et le borate de calcium (borax) de l'Asie Mineure.

On désigne sous le nom de *soffioni* des jets de vapeur qui se dégagent du sol dans certaines régions volcaniques et contenant de l'acide borique. On envoie ces vapeurs dans des cuves en maçonnerie pleines d'eau. Les paillettes d'acide borique qui se déposent contiennent 20 o/o d'impuretés.

L'acide borique est peu soluble dans l'eau froide; très soluble dans l'eau bouillante. La chaleur le transforme au rouge sombre en anhydride borique. L'acide borique est un acide faible, qui fait virer la teinture de tournesol du bleu au rouge vineux. C'est un antiseptique fréquemment employé.

MÉTAUX

Quelles sont les propriétés générales des métaux ?

Les métaux sont solides à la température ordinaire, excepté le mercure ; ils ont généralement l'éclat, dit *métallique*, sauf à l'état de poussière très fine ; ils sont bons conducteurs de la chaleur et de l'électricité.

Leur fusibilité varie beaucoup, depuis le mercure qui est liquide à la température ordinaire (il fond à — 39°) jusqu'au platine qui fond à 1,775°

On dit qu'ils sont *malléables* quand ils peuvent être amenés à l'état de feuilles minces (l'or est très malléable). On dit qu'ils sont *ductiles* quand on peut les étirer en fils fins ; cette opération se fait à l'aide d'une filière (le platine est très ductile, le plomb, peu).

Qu'est-ce qu'un alliage et quelles sont ses propriétés ?

Les alliages sont des combinaisons mal définies de deux ou plusieurs métaux qu'on obtient en fondant ceux-ci ensemble.

Les propriétés physiques des alliages diffèrent de celles des métaux qui les constituent ; ils acquièrent des propriétés utiles que l'on ne trouve pas en général dans un même métal : l'alliage des caractères d'imprimerie en est un exemple remarquable.

Les alliages sont bons conducteurs, moins tenaces et moins ductiles, mais plus durs et plus fusibles que les métaux composants. Ainsi l'*alliage de Darcet* (plomb, bismuth, étain) fond à 95°, tandis que l'étain, le plus fusible des composants, ne fond qu'à 228°.

Les *amalgames* sont des alliages du mercure avec d'autres métaux ; le *bronze*, un alliage de cuivre et d'étain ; le bronze d'*aluminium*, un alliage de cuivre et d'aluminium ; le *laiton*, ou cuivre jaune, un alliage de cuivre et de zinc.

Quelles sont les propriétés générales des métaux alcalins?

Les métaux alcalins comprennent des métaux monovalents dont les hydrates, les carbonates, les sulfates, les phosphates sont très solubles ; leurs sulfates combinent en général avec le sulfate d'aluminium pour donner les *aluns*. Les deux principaux sont le *potassium* et le *sodium*.

A côté d'eux, il faut placer l'*ammonium* qui est le radical des sels ammoniacaux et qui joue le rôle de métal alcalin.

4

Potassium : K = 39

Comment prépare-t-on le potassium K ?

On chauffe, dans des cylindres en fer, du carbonate de potassium et du charbon :

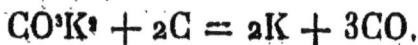

$$CO^3K^2 + 2C = 2K + 3CO.$$

On recueille les vapeurs de K dans un récipient plat qui permet leur refroidissement rapide.

Quelles sont les propriétés de K ?

C'est un corps solide, mou à la température ordinaire, fond à $62°5$.

Il s'oxyde dans l'air sec, beaucoup plus rapidement à l'air humide. Un fragment de K projeté sur l'eau décompose ce liquide en donnant de l'H qui s'enflamme.

Quels sont les usages du K ?

On emploie le K comme réducteur pour la préparation de divers corps (aluminium, bore, silicium) ; mais on le remplace souvent pour cet usage par le sodium, dont la préparation est plus facile et le prix beaucoup moindre.

Quels sont les principaux composés usuels du K ?

1º *La potasse caustique*, KOH, ou hydrate de potassium, qui est un corps solide, blanc, fusible au rouge sombre ; elle se dissout dans l'eau avec un grand dégagement de chaleur. Elle est déliquescente ; exposée à l'air humide, elle absorbe peu à peu la vapeur d'eau et se change en un liquide sirupeux ; c'est une des bases les plus énergiques qui précipite un grand nombre de sels en donnant des oxydes insolubles.

On prépare ce corps en décomposant une solution de carbonate de potassium par de la chaux éteinte qu'on projette peu à peu, ce qui donne du carbonate de calcium insoluble :

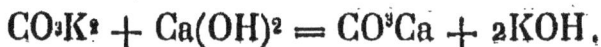

$$CO^3K^2 + Ca(OH)^2 = CO^3Ca + 2KOH.$$

2° *Le chlorure de potassium*, KCl, cristallise en cubes incolores ; s'extrait de l'eau de la mer ; il reste dans les eaux mères qui ont déposé le sel marin. On le trouve aussi à l'état pur dans les mines de Stassfurt, en Prusse ; il sert à transformer en sels de potassium divers sels de sodium, principalement l'azotate, le sulfate et le chlorate.

3° Le *bromure de potassium* KBr, et *l'iodure de potassium* KI, corps bien cristallisés et très solubles dans l'eau. Très employés en médecine.

4° *L'azotate de potassium*, AzO³K, ou *salpêtre* se rencontre dans certaines contrées principalement dans les Indes où il se forme à la surface de la terre ; on enlève la partie superficielle, on la lessive et la solution concentrée au soleil donne le *salpêtre brut de l'Inde*. Mais la majeure partie du salpêtre est préparée à l'aide de l'azotate de sodium du Chili qui est beaucoup plus abondant que l'azotate de potassium des Indes. Pour opérer cette transformation on décompose l'azotate de sodium AzO^3Na par le chlorure de potassium KCl :

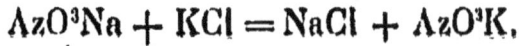

$$AzO^3Na + KCl = NaCl + AzO^3K.$$

AzO^3K cristallise en prismes très solubles dans l'eau ; les corps combustibles le décomposent facilement. *La poudre* est un mélange d'AzO^3K, de S et de charbon, qui détone violemment quand on porte un point de sa masse vers $300°$.

AzO^3K sert en outre à la préparation des feux d'artifice, à celle de AzO^3H ; il entre dans la composition de certains sels de conserve parce qu'il empêche la couleur de la viande d'être altérée par le salage.

5° *Le carbonate neutre de potassium* CO^3K^2, ou potasse du commerce, s'obtient par l'incinération des cendres des végétaux terrestres ; les résidus de la distillation des mélasses de betteraves fermentées donnent aussi, par évaporation et calcination, un mélange appelé *salin de betteraves* qui contient environ 33 o/o de CO^3K^2 et divers sels de potassium, principalement du chlorure et du sulfate. Enfin les toisons des moutons fournissent une quantité importante de CO^3K^2, en moyenne 130 gr. par mouton.

CO^3K^2 est un sel blanc, très soluble dans l'eau. Il est très employé dans l'industrie, principalement pour la fabrication des savons mous et des verres de prix (cristal, verre de Bohême).

Sodium. $Na = 23$

Comment prépare-t-on le Na ?

1º On peut, par un procédé analogue à celui dont on s'est servi pour le K, décomposer le CO^3Na^2 par le C :

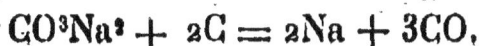

$$CO^3Na^2 + 2C = 2Na + 3CO.$$

2º Un procédé plus avantageux, dit *procédé Castner*, consiste à décomposer la soude par un carbure de fer qui agit par son carbone :

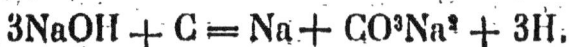

$$3NaOH + C = Na + CO^3Na^2 + 3H.$$

Quelles sont les propriétés et les usages du Na ?

Le sodium est un métal blanc jaunâtre, assez mou ; il se transforme très rapidement en hydrate, à l'air humide. Il forme avec les métaux divers alliages ; avec le mercure il donne l'amalgame Hg^6Na qui est bien cristallisé.

Comme pour le K, l'eau est décomposée vivement par le Na, avec mise en liberté d'H :

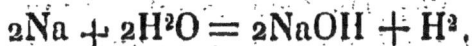

$$2Na + 2H^2O = 2NaOH + H^2.$$

C'est le réducteur le plus employé à cause de son prix, inférieur à celui du potassium ; il sert en particulier à préparer le magnésium et l'aluminium.

Quels sont les principaux composés usuels du Na ?

$1°$ La *soude caustique*, NaOH, ou hydrate de sodium, s'obtient par un procédé analogue à celui dont on s'est servi pour la potasse :

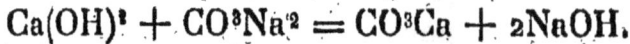

$$Ca(OH)^2 + CO^3Na^2 = CO^3Ca + 2NaOH.$$

$2°$ Le *chlorure de sodium*, NaCl, est le plus important de tous les sels de sodium, d'abord par suite de son emploi dans l'alimentation et ensuite parce que c'est la matière première qui sert pour la fabrication de tous les autres composés du sodium. Le NaCl se trouve principalement dans la mer et dans les mines de *sel gemme*.

Le *sel gemme* est retiré des mines par des moyens mécaniques, puis soumis au raffinage, qui consiste en une cristallisation, pour retirer diverses impuretés, en particulier le sulfate de calcium.

Le *sel marin* s'extrait de la mer dans les *marais salants*: ce sont de très vastes bassins plats, dont l'ensemble a souvent une superficie de plusieurs centaines d'hectares ; l'eau de mer s'y concentre peu à peu, par évaporation sous l'influence de la chaleur et du vent.

NaCl cristallise en petits cubes qui s'accolent sous forme de trémies. La solubilité de ce sel varie peu avec la température.

$3°$ Le *sulfate neutre de sodium*, SO⁴Na², se prépare par la réaction de l'acide sulfurique sur le chlorure de sodium, réaction qui présente deux phases :

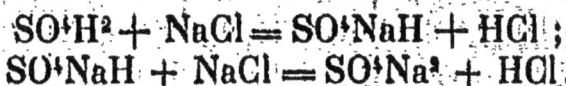

$$SO^4H^2 + NaCl = SO^4NaH + HCl ;$$
$$SO^4NaH + NaCl = SO^4Na^2 + HCl.$$

La première phase qui se produit à basse température donne de l'acide chlorhydrique plus pur que celui qui est formé dans la seconde. Dans l'industrie, on sépare ces deux phases au moyen de fours spéciaux, dits *fours à moufle*.

Le sulfate de sodium cristallise à la température ordinaire avec 10 molécules d'eau ($SO^4Na^2 + 10H^2O$), qu'il perd sous l'action de la chaleur. Il est très employé en médecine comme purgatif (sel de Glauber).

4° L'*azotate de sodium*, AzO^3Na, se trouve dans la nature, sur les frontières du Pérou et du Chili en quantités considérables. C'est un corps très déliquescent et très soluble. On l'emploie dans la préparation de l'acide azotique, et, en agriculture, mélangé aux engrais.

5° Le *borate de sodium* ou *borax*, $B^4O^7Na^2 + 10H^2O$ se trouve à l'état naturel dans certains lacs d'Asie, mais la majeure partie de celui qu'on utilise est obtenue en neutralisant l'acide borique de Toscane. On le prépare aussi en remplaçant l'acide borique par un borate double de sodium et de calcium, abondant en Asie Mineure.

Le borax est peu soluble dans l'eau. Il est antiseptique comme l'acide borique.

6° Le *carbonate neutre de sodium*, CO^3Na^2, est

le plus important des sels de sodium, au point de vue de ses applications, car il constitue l'une des matières premières de deux très grandes industries, celle des verres et celle des savons.

On fabrique CO^3Na^2 en partant de NaCl que l'on transforme d'abord en sulfate, puis en carbonate en le chauffant avec un mélange de carbonate de calcium et de charbon (procédé Leblanc), ou, en le faisant réagir à l'état dissous sur le bicarbonate d'ammonium (procédé Schlœsing, procédé à l'ammoniaque).

Sels ammoniacaux

Quelle est la constitution des sels ammonia-caux ?

Les sels ammoniacaux possèdent une constitution analogue à celle des sels de potassium. Si l'on compare la formule des sels que fournit l'ammoniac en se combinant avec les acides, avec les formules des sels correspondants de potassium :

Chlorures	AzH^4Cl	KCl,
Sulfates neutres. .	$SO^4(AzH^4)^2$	SO^4K^2,
Phosphates neutres.	$PO^4(AzH^4)^3$	PO^4K^3,

on voit partout le groupe AzH^4 jouer le rôle de K; ce groupement qui fonctionne comme un corps simple, est un *radical* auquel Berzélius a donné le nom d'*ammonium*.

On a cherché à isoler ce radical ; mais de récents travaux de M. Moissan ont montré qu'on obtenait $AzH^3 + H$ et non AzH^4.

Comment obtient-on les principaux sels ammoniacaux ?

Le *sulfure d'ammonium*, $(AzH^4)^2S$ s'obtient en faisant passer H^2S dans une dissolution d'ammoniaque jusqu'à refus, et en ajoutant une quantité d'ammoniaque égale à celle déjà employée.

Le sulfure d'ammonium est un sulfure basique très employé en chimie analytique.

Le *chlorure d'ammonium*, AzH^4Cl ou *chlorhydrate* d'ammoniaque s'obtient en faisant arriver du gaz ammoniac AzH^3 dans une dissolution d'acide chlorhydrique qu'il suffit ensuite d'évaporer.

Le gaz ammoniac employé se prépare au moyen des eaux vannes résultant de la fermentation des urines, ou au moyen des eaux de condensation du gaz d'éclairage.

Le chlorure d'ammonium est un sel blanc très soluble dans l'eau. Il sert dans les piles Leclanché.

Le *sulfate d'ammonium*, $SO^4(AzH^4)^2$ se prépare en faisant passer AzH^3 (obtenu comme précédemment) dans de l'acide sulfurique étendu ; on fait ensuite cristalliser la solution de sulfate d'ammonium.

C'est un sel incolore très soluble dans l'eau et beaucoup employé dans l'industrie ; il sert à préparer les dissolutions d'ammoniaque et plusieurs sels ammoniacaux.

Métaux alcalino-terreux

Quels sont les métaux alcalino-terreux et quelles sont leurs propriétés générales ?

Les métaux alcalino-terreux sont, par ordre de poids atomiques croissants :

Calcium	Strontium	Baryum
$Ca = 40$	$Sr = 87,5$	$Ba = 137$

Comme les métaux alcalins, ils décomposent l'eau à froid, mais ils s'en distinguent, parce qu'ils sont bivalents, et parce que leurs sulfates, carbonates et phosphates neutres sont insolubles ou très peu solubles.

Le Ca, le Sr et le Ba s'obtiennent par l'électrolyse de leurs chlorures fondus : ils sont difficiles à préparer et très altérables.

Que savez-vous sur la chaux vive ?

La *chaux vive* est, au point de vue chimique, de l'oxyde de calcium CaO.

On l'obtient par la calcination du *calcaire* ou carbonate de calcium :

$$CO^3Ca = CO^2 + CaO.$$

On calcine le calcaire dans des *fours à chaux*, à marche intermittente ou continue.

Qu'appelle-t-on chaux grasses, à quoi servent-elles ?

Les *chaux grasses* sont celles qui proviennent de la calcination des calcaires purs ; au contact de l'eau, elles dégagent beaucoup de chaleur et augmentent considérablement de volume ; elles *foisonnent* beaucoup. Les chaux grasses servent à faire des *mortiers* ; on les mélange avec du sable, et on a une pâte qui sert à relier entre elles les pierres des édifices ; ce mortier se solidifie peu à peu à l'air, par suite de l'action de l'anhydride carbonique de l'air qui transforme la chaux en carbonate.

Qu'appelle-t-on chaux hydrauliques, mortiers hydrauliques et ciments ?

On appelle *chaux hydrauliques* des chaux qui foisonnent peu et dégagent peu de chaleur avec l'eau ; mais elles durcissent en l'absence de l'anhydride carbonique, même sous l'eau ; ces chaux proviennent de la calcination de calcaires impurs qui renferment de 10 à 30 o/o d'argile.

En mélangeant ces chaux avec du sable on obtient des *mortiers hydrauliques* constamment employés dans les constructions sous-marines.

On appelle *ciments* des chaux éminemment hydrauliques qui font prise en quelques heures, quelques-unes même en moins d'une 1/2 heure. Les ciments proviennent généralement de la calcination de calcaires naturels très argileux (ciment de Boulogne).

Qu'entend-on par chaux éteinte ?

La *chaux éteinte* est l'*hydrate de calcium* Ca(OH)^2 ; elle résulte de l'action de l'eau sur la chaux vive ; c'est un corps souvent employé dans l'industrie chimique, parce que c'est de toutes les bases celle dont le prix de revient est le plus faible.

L'hydrate de calcium est très peu soluble dans l'eau : 1 gr. 8 par litre d'eau froide ; cette dissolution se nomme *eau de chaux*.

Quels sont les principaux usages de la chaux éteinte ?

En dehors de ses applications dans la construction, elle sert dans la fabrication des chlorures décolorants (chlorure de chaux), dans celle du chlorate de potassium, dans l'épuration du gaz d'éclairage.

Comment prépare-t-on le plâtre, quelle est sa constitution chimique ?

Le *plâtre* est du sulfate de calcium anhydre SO^{4}Ca. On le prépare en décomposant par la chaleur le sulfate hydraté (SO^{4}Ca + 2H^{2}O), ou *gypse*, que l'on trouve abondamment dans la nature. La calcination s'effectue dans des fours spéciaux, dits *fours à plâtre* ; on obtient des morceaux de sulfate anhydre qu'on pulvérise, et cette poudre constitue le plâtre.

Quelles sont les propriétés et les usages du plâtre ?

Le plâtre, gâché avec un volume d'eau égal

au sien, renferme de l'hydrate SO^4Ca, $2H^2O$ qui cristallise au moment où il se forme, on dit alors que le *plâtre a fait prise* ; il suffit pour cela de quelques minutes.

Le plâtre sert à faire des moulages, par suite de sa solidification rapide et de la propriété dont il jouit d'augmenter de volume en se solidifiant, ce qui lui fait remplir très exactement les creux du moule. La principale application du plâtre est de former des enduits sur les murs et sur les plafonds ; il est aussi employé en agriculture.

$$Zinc : Zn = 65.$$

Comment obtient-on le zinc ?

Le zinc se trouve dans la nature, principalement à l'état de sulfure (blende) et de carbonate.

On l'extrait de ces deux minerais. Le traitement comporte deux parties : 1° transformation du minerai en oxyde, par un grillage à l'air s'il s'agit du sulfure :

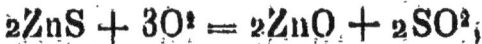

$$2ZnS + 3O^2 = 2ZnO + 2SO^2,$$

ou par calcination, s'il s'agit de carbonate :

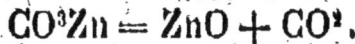

$$CO^3Zn = ZnO + CO^2.$$

L'oxyde ainsi obtenu est mélangé avec du charbon ou de la houille en très petits fragments et chauffé dans des cylindres en terre réfractaire, à une très haute température. Il se forme de l'oxyde de carbone et le Zn distille :

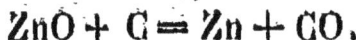

$$ZnO + C = Zn + CO.$$

Les vapeurs de Zn viennent se condenser dans une allonge en tôle située à la suite du cylindre de terre.

Le Zn du commerce contient diverses impuretés : du fer, du plomb et de l'arsenic.

Quelles sont les propriétés du zinc ?

Le zinc est un métal blanc bleuâtre, cassant à la température ordinaire. Entre 100 et 130°, il est assez malléable pour qu'on puisse facilement le laminer. Il fond à 410° et bout à 932°. Il brûle à l'air, à une température voisine de son point d'ébullition, avec une flamme éclatante et donne de l'oxyde de zinc, ZnO, produit connu dans le commerce sous le nom de *blanc de zinc* et utilisé en peinture.

Le zinc est inaltérable à l'air sec ; à l'air humide, il se recouvre d'une couche d'hydrocarbonate de zinc.

Quels sont les usages du zinc ?

Le Zn est utilisé en feuilles pour la toiture des bâtiments, la confection des gouttières, des seaux etc., etc. Il entre dans la composition d'un certain nombre d'alliages : *le laiton* est un alliage de cuivre et de zinc ; *le maillechort*, de nickel, de cuivre et de zinc. On emploie aussi le zinc pour recouvrir le fer (*fer galvanisé*).

Comment prépare-t-on le sulfate de zinc ?

Nous avons vu que, dans la préparation de l'H par le Zn et SO^4H^2, le résidu était constitué par du sulfate de zinc, SO^4Zn. On prépare surtout ce sel par le grillage de la blende à basse température :

$$ZnS + 2O^2 = SO^4Zn.$$

On lessive ensuite le produit et on le fait cristalliser. Le sulfate de zinc cristallise avec 7 molécules d'eau; il est très soluble dans l'eau. On l'emploie en teinture ; il est aussi utilisé comme désinfectant.

Fer : Fe = 56

Quels sont les principaux minerais de fer ?

Le fer existe en petite quantité dans la plupart des roches. Ses principaux minerais sont : le carbonate de fer CO^3Fe, ou *fer spathique* ; l'oxyde de fer magnétique Fe^3O^4 ; le *sesquioxyde* anhydre Fe^2O^3 (fer oligiste, hématite rouge); des *hydrates de sesquioxyde* (hématite brune, limonite, fer oolithique).

Sur quels principes repose la métallurgie du fer ?

La métallurgie du fer repose sur les principes suivants : les oxydes sont facilement réductibles par le charbon ; le carbonate d'autre part donne facilement de l'oxyde quand on le chauffe ; la transformation du minerai en métal consiste donc à chauffer un mélange d'oxyde et de charbon. La réduction de l'oxyde de fer par le charbon se fait facilement au rouge ; mais pour agglomérer le fer, qui ne fond qu'à une température très élevée, et le séparer de la *gangue* dans laquelle il est disséminé, on est forcé d'élever assez la température pour que la gangue silicouse donne un silicate fusible.

Pour atteindre ce but, on peut employer deux méthodes différentes : 1° *la méthode catalane* dans laquelle on chauffe le minerai avec du charbon seulement : une partie de l'oxyde, réduit par le charbon, donne du fer à peu près pur ; mais une autre partie de l'oxyde se combine sous l'influence de la chaleur avec le silicate d'aluminium de la gangue (argile), pour former une scorie fusible: il y a perte d'une partie du fer;

2° *La méthode des hauts-fourneaux* dans laquelle on mélange le minerai avec du charbon et du carbonate de calcium ; dans ce cas, l'argile, au lieu de se combiner à l'oxyde de fer, se combine à la chaux du calcaire, de sorte que l'on obtient tout le fer du minerai. Mais, comme le silicate double d'aluminium et de calcium est moins fusible que le silicate double d'aluminium et de fer, il faut élever beaucoup plus la température : dans ces conditions, le fer, au lieu de rester libre, se combine avec du carbone et passe à l'état de *fonte*. Une seconde opération devient alors nécessaire : c'est l'affinage de la fonte, qui a pour but de lui enlever son carbone et de la transformer en *fer ductile* ou *fer doux*.

Décrivez les hauts-fourneaux dans lesquels

*se fait la réduction de l'oxyde de fer. Quelle
est la marche de la réaction ?*

Le haut-fourneau dans lequel se fait l'opération est formé de deux troncs de cône ayant leur plus grande base commune ; le tronc de cône supérieur ou *cuve*, le plus allongé, reçoit par sa partie supérieure ou *gueulard* le minerai et le charbon. Le second tronc de cône constitue les *étalages*; leur base commune, le *ventre*. Au dessous se trouve un espace moins large, l'*ouvrage*, à la partie inférieure duquel est le *creuset*, se prolongeant sur un de ses côtés hors du fourneau. La hauteur de l'ensemble, construit en briques réfractaires et pierres siliceuses, peut atteindre 20 mètres.

Le charbon, mélangé de minerai, a été introduit par le gueulard, de façon à entretenir une marche *descendante* des matières solides, en sens inverse du courant *ascendant* des gaz.

La réduction de l'oxyde de fer s'opère vers la partie inférieure de la cuve ; la formation de la *fonte* et des scories de silicates se fait surtout dans les étalages, enfin les matières tombent dans le creuset, dont la fonte liquide occupe la partie inférieure, tandis que les scories ou *laitier* surnagent. La coulée s'effectue par une ouverture placée à la partie inférieure du creuset.

À la partie supérieure (gueulard) du haut-fourneau se dégagent les gaz chauds (Az, CO²) contenant un excès d'oxyde de carbone combustible. Ces gaz sont recueillis et utilisés pour chauffer l'air qu'on envoie par des tuyaux dans *l'ouvrage.*

Quelles sont les diverses variétés de fontes et quelles sont leurs propriétés ?

Les fontes sont des carbures de fer ; elles sont formées de 95 o/o de Fer, de 2 à 5 o/o de C et de quelques autres matières (Si, P, Az, S et Mn).

Les diverses variétés de fontes peuvent se ramener à deux types, la *fonte grise* et la *fonte blanche*.

La *fonte grise,* a une couleur gris noir ; elle est propre au moulage ; elle se laisse limer et forer avec facilité ; son carbone est en partie disséminé à l'état de graphite dans toute la masse.

La fonte grise est presque exclusivement employée à la confection du *moulage* des appareils et ustensiles de fonte dont on a besoin dans l'industrie (cylindres de machine à vapeur, piliers grilles, etc.)..

La *fonte blanche* a une couleur argentine ; elle est dure et cassante ; se laisse difficilement attaquer par la lime ; est impropre au moulage.

Son carbone est tout entier dissous ou combiné au fer.

La fonte blanche est utilisée pour la fabrication du fer doux.

En quoi consiste l'affinage de la fonte ?

L'affinage de la fonte, c'est-à-dire la conversion de la fonte blanche en fer, consiste à déter-

miner l'oxydation par l'air, à une température
élevée, de la plus grande partie du carbone et des
autres matières étrangères, silicium, phosphore,
etc., qui se trouvent dans la fonte ; cette opération peut se faire par deux procédés différents : le premier, ou affinage au charbon de
bois, est connu sous le nom de *procédé comtois* ;
le second, ou affinage à la houille, sous celui de
méthode anglaise (puddlage).

Quelles sont les propriétés du fer ?

Le fer est un métal malléable et très ductile.
Il fond vers 1500° ; mais avant de fondre, il se
ramollit suffisamment pour qu'on puisse le
souder à lui-même en le forgeant. C'est de tous
les métaux le plus magnétique.

Au contact de l'*air humide*, le fer *se rouille*
peu à peu en formant une couche poreuse contenant surtout de l'hydrate de sesquioxyde de fer.
Pour préserver le fer de cette action de l'air, on
le recouvre d'une couche mince de zinc (fer galvanisé) ou d'étain (fer-blanc). Tous les métalloïdes se combinent au fer, sauf l'azote. Avec les
métaux, il forme difficilement des alliages.

Le fer a de nombreux usages, principalement
dans la construction des maisons, des ponts, etc.

*Quelle est la constitution des aciers ? Com-
ment les distingue-t-on de la fonte et du fer ?*

Les aciers sont des composés de carbone et de
fer intermédiaires par leur composition entre la

fonte et le fer. Mais comme le fer du commerce contient, en très petites quantités, du charbon et du silicium, on le distingue de la fonte et de l'acier par les caractères suivants :

La *fonte* est cassante, non malléable.

L'*acier* refroidi lentement est malléable : refroidi brusquement il éprouve le phénomène de la *trempe*, cesse d'être malléable et devient cassant.

Le *fer* est malléable et reste *malléable* quand on le refroidit brusquement, il ne prend pas la trempe.

Comment obtient-on l'acier ?

Il existe trois sortes de procédés pour obtenir l'acier :

1º Carburation ménagée du fer ou cémentation.

2º Décarburation partielle de la fonte (Convertisseur Bessemer).

3º Action de la fonte sur le fer (procédé Martin).

Quels sont les usages de l'acier ?

Les usages de l'acier sont innombrables : fabrication des organes des machines, des rails, des canons, des outils, etc. Son durcissement, après la trempe, permet de donner aux objets une dureté considérable.

Aluminium : $Al = 27$

Comment prépare-t-on l'aluminium ?

On prépare actuellement l'Al par l'électrolyse de la *cryolithe* (fluorure double d'Al et de Na), mêlée à de l'alumine et maintenue en fusion par la chaleur dégagée dans le passage du courant électrique.

Le même procédé est employé pour préparer économiquement des *bronzes d'aluminium* (alliage de 16 parties Al et 90 parties de cuivre).

Quelles sont les propriétés de l'aluminium ?

L'Al est blanc, légèrement bleuâtre ; c'est le plus léger des métaux usuels ; densité = 2,5, fond à 625° ; malléable et ductible ; très sonore ; ne s'altère pas à l'air.

Quels sont les principaux composés de l'aluminium ?

1. L'*alumine* Al^2O^3, qui existe dans la nature sous plusieurs états : cristallisée et incolore elle constitue le *corindon*, substance un peu moins dure que le diamant, colorée en rouge, elle constitue le *rubis* ; en bleu, c'est le *saphir*. L'*émeri* est aussi une variété d'alumine impure. On trouve aussi dans la nature la *bauxite* qui est de l'alumine hydratée, $Al^2O^3, 2H^2O$.

2. Le *sulfate d'aluminium* $(SO^4)^3Al^2 + 8H^2O$. Ce composé s'obtient par l'action de l'acide

sulfurique sur l'*argile* (silicate d'aluminium) ou mieux sur la *bauxite*.

3 L'*alun* $(SO^4)^3Al^2 + SO^4K^2 + 24H^2O$ ou sulfate d'Al et de K. Ce composé est le type d'une série de corps isomorphes cristallisant dans le système cubique ; tous ces corps désignés sous le nom général d'*aluns* contiennent un sulfate du type $(SO^4)^3M^2$, un sulfate du type SO^4M^2 et 24 molécules d'eau. Dans l'alun ordinaire, l'Al peut être remplacé par le Fe, le Cr, le Mn ; le K peut être remplacé par le Na ou l'AzH^4. Ce sont des sels bien cristallisés, la chaleur les déshydrate facilement.

Argiles, kaolin, porcelaines

Qu'entend-on par argiles et kaolin ?

Les *argiles* sont des silicates d'aluminium hydratés, contenant de petites quantités d'oxyde de fer ou de manganèse, ainsi que de la chaux et des alcalins. Lorsque l'*argile* est *pure*, on lui donne le nom de *kaolin* ; sa formule est Al^2O^3, $2SiO^2 + H^2O$. C'est une matière blanche, douce au toucher. Elle est *plastique*, c'est-à-dire qu'elle forme avec l'eau une pâte liante, facile à pétrir et à façonner.

On les divise en *argiles plastiques* et en *argiles smectiques*. Les *argiles plastiques* sont celles qui forment avec l'eau une pâte liante ; elles sont particulièrement propres à faire des poteries ;

elles sont employées pour la fabrication de la porcelaine quand elles sont bien blanches. Certaines, renfermant de l'oxyde de fer et de la chaux servent aux sculpteurs (terre glaise).

Les argiles *smectiques* sont peu liantes ; on les emploie surtout pour le foulonnage des draps.

Qu'appelle-t-on marnes ?

Ce sont des argiles contenant des proportions notables de carbonate de calcium : leur principal emploi est l'amendement de certains terrains.

Quelles matières emploie-t-on pour fabriquer les poteries, quelles sont les diverses poteries ?

Les argiles plastiques constituent la matière première principale de la fabrication des poteries, grâce à leur plasticité qui leur permet de prendre toutes les formes et à la dureté qu'elles acquièrent par la cuisson. Elles ne peuvent cependant pas être employées seules : sous l'action de la chaleur elles éprouveraient un retrait considérable et se fendilleraient. Pour diminuer le retrait, on ajoute du sable à l'argile.

Les diverses poteries peuvent se diviser en deux catégories : 1° *les poteries à demi vitrifiées* (*porcelaines, grès*, la pâte a dans ce cas subi un commencement de fusion, ou plutôt un ramollissement ; elles sont imperméables aux liquides ; — 2° *les poteries à pâtes poreuses* (*faïences, poteries communes, terres cuites*), celles-ci sont perméables aux liquides et exigent l'emploi d'un vernis imperméable.

De quoi se compose la porcelaine, comment la fabrique-t-on ?

La pâte de la porcelaine se compose de kaolin, de sable et d'un peu de feldspath (silicate d'aluminium et de potassium) destiné à rendre la masse plus fusible.

Le modelage des objets se fait soit au tour, soit par moulage en comprimant légèrement un peu de pâte dans des moules en plâtre, soit par coulage en versant une bouillie claire, formée de pâte et d'eau, dans un moule de même nature : l'eau est absorbée par le plâtre, et la pâte reste en couche très mince.

Avant d'être mise à cuire, la pâte de la porcelaine est trempée dans un vernis, ou *couverte*, formée d'un mélange de quartz et de feldspath. Ce vernis est destiné à rendre polie la surface de la porcelaine.

Plomb : Pb = 207

Comment obtient-on le plomb ?

Le plomb existe dans la nature à l'état de sulfure (*galène*) ou de carbonate (*cérusite*).

Pour l'extraire de la *cérusite*, on la calcine avec du charbon dans un four à manche, et le plomb se rassemble dans le creuset.

Pour l'extraire de la *galène*, on emploie deux procédés : dans l'un, on chauffe le minerai avec du fer dans un haut-fourneau ; PbS fond et se trouve réduit par le fer : $PbS + Fe = FeS + Pb$; dans le deuxième procédé, on oxyde d'abord une partie de PbS, puis on fait agir la partie non oxydée sur le sulfate obtenu :

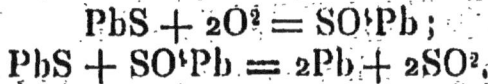

$$PbS + 2O^2 = SO^4Pb ;$$
$$PbS + SO^4Pb = 2Pb + 2SO^2.$$

Le plomb ainsi obtenu renferme le plus souvent de petites quantités d'argent $\dfrac{1}{10.000}$ environ. On l'extrait économiquement au moyen de procédés spéciaux (pattinsonnage-coupellation).

Quelles sont les propriétés du plomb ? Ses usages ?

Le plomb est un métal gris, mou, malléable, peu tenace, peu ductile, fond à 330°. La plupart des acides n'attaquent pas le plomb.

Le plomb et ses sels ont une action nuisible sur l'économie et provoquent chez les ouvriers qui les emploient *les coliques de plomb*.

La malléabilité du plomb le rend propre à un grand nombre d'usages, en particulier pour la canalisation de l'eau et du gaz, pour les toitures. Sa résistance aux acides le fait employer dans la fabrication de l'acide sulfurique (chambres de plomb).

Que savez-vous sur le minium ?

Le minium, Pb^3O^4, se prépare en chauffant à l'air, vers 500°, le massicot PbO (obtenu lui-même en chauffant du plomb un peu au-dessus de son point de fusion) ; le massicot s'oxyde peu à peu et donne le minium. Il est d'une belle couleur rouge qui le fait employer pour la peinture.

Qu'est-ce que la céruse ?

On désigne sous le nom de *céruse* un hydrocarbonate de plomb, dont la formule se rapproche de $2CO^3Pb + Pb(OH)^2$. Ce composé est très employé comme couleur blanche ; elle couvre bien, mais a l'inconvénient de noircir sous l'influence de l'hydrogène sulfuré.

On la prépare par différents procédés (p. de Clichy, p. hollandais).

Cuivre : Cu = 63.

Comment obtient-on le cuivre ?

Le cuivre s'extrait des sulfures naturels (chalkosine, Cu^2S ; chalkopyrite, $Cu^2S + Fe^2S^3$). Au point de vue pratique, la métallurgie du cuivre est une des plus compliquées. Au point de vue théorique, elle repose : 1° sur ce que par des grillages ménagés, en même temps que l'As et l'Sb (contenus dans les pyrites) donnent des acides volatils qui disparaissent, une partie du S se dégage à l'état de SO^2, tandis qu'une partie des métaux passe à l'état d'oxydes : 2° sur ce que l'oxyde de cuivre, produit pendant le grillage, chauffé ensuite à la température de fusion avec le sulfure de fer et la silice du minerai donne du sulfure de cuivre et de l'oxyde de fer qui, avec celui formé pendant le grillage, se combine à la silice et donne un silicate très fusible se séparant à l'état de scorie.

Quelles sont les propriétés du cuivre ?

Le cuivre est un métal rouge, qui fond vers 1.035°. Il est malléable et ductile ; très bon conducteur de la chaleur et de l'électricité : aussi l'emploie-t-on constamment dans la construction des chaudières d'évaporation, bassines, etc. L'air sec est sans action sur le cuivre ; l'air humide forme à sa surface une couche d'hydrocarbonate (vert-de-gris). Les sels de cuivre sont très vénéneux ; on utilise l'albumine comme contre-poison.

Quels sont les principaux alliages du cuivre ?

Le cuivre entre dans la composition de divers alliages dont deux sont très importants : les *bronzes* et les *laitons*.

Les bronzes sont des alliages contenant principalement du cuivre et de l'étain ; les laitons sont formés de cuivre et de zinc. Les alliages de cuivre sont plus fusibles, plus durs et se prêtent mieux au moulage que le cuivre.

Comment prépare-t-on le sulfate de cuivre ?

Le sulfate de cuivre, $SO^4Cu + 5H^2O$, appelé aussi *vitriol bleu* se prépare en grand par le grillage des pyrites cuivreuses ; la masse grillée est ensuite lessivée, puis purifiée.

Les solutions de sulfate de cuivre, concentrées à chaud, laissent déposer, par refroidissement, des cristaux bleus de sulfate hydraté.

Ce sel est employé en grande quantité par la galvanoplastie. Avec l'arsénite de potassium, il donne un précipité d'un bleu vert, utilisé en peinture sous le nom de *vert de Scheele*.

Mercure : Hg = 200.

Comment obtient-on le mercure ?

Le minerai d'où on extrait le mercure est le sulfure HgS, ou cinabre. Il est abondant en Espagne, à Almaden, on le rencontre aussi à Idria, en Illyrie.

On extrait le mercure du cinabre par un simple grillage.

Le S donne, avec l'O de l'air, SO^2 qui se dégage; on condense les vapeurs de mercure :

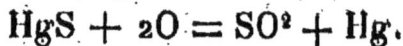

$$HgS + 2O = SO^2 + Hg.$$

La différence essentielle que présentent les deux exploitations à Idria et à Almaden, consiste dans la forme des appareils qui servent à condenser le métal.

Quelles sont les propriétés du mercure ?

Le mercure est un métal, liquide à la température ordinaire, qui se solidifie à — 40° et bout à 350°. Il est blanc ; sa densité est 13,59. Il émet des vapeurs même à la température ordinaire.

Vers 350°, il donne avec l'O de l'oxyde rouge.

Le Cl, le Br et l'I l'attaquent facilement.

Les acides étendus n'ont en général aucune action sur lui.

Avec divers métaux, le mercure forme des *amalgames*.

Les sels de mercure sont extrêmement vénéneux.

Comment prépare-t-on le chlorure mercurique ? Quelles sont ses propriétés ?

On l'obtient en chauffant du sulfate mercurique avec du sel marin et du bioxyde de manganèse :

$$SO^4Hg + 2NaCl = HgCl^2 + SO^4Na^2.$$

Le bichlorure obtenu se sublime dans les parties supérieures du ballon : c'est un corps blanc assez soluble dans l'eau.

Poison extrêmement violent. Employé en médecine comme antiseptique à l'état de solution très étendue (0 gr. 5 à 1 gr. par litre).

Argent : Ag = 108.

Comment extrait-on l'argent ?

Les principaux minerais d'argent sont le sul-

fure Ag^2S (*argyrose*) ; le sulfure double d'antimoine et d'argent (*argyrithrose*) ; le sulfure double d'arsenic et d'argent (*proustite*).

En général les minerais d'argent sont très com-
plexes ; aussi leur traitement est-il assez délicat.

Le principe de la méthode est le suivant : on
traite le minerai de façon à le transformer en
chlorure (deux méthodes), puis on dissout ce chlorure dans une solution de chlorure de sodium ;
enfin, on réduit cette solution par un métal
(cuivre).

Quelles sont les propriétés de l'argent ?

L'argent est un métal blanc, légèrement jaunâtre ; il est très ductile et très malléable. Il
fond à 954° ; l'argent fondu peut absorber 22 fois
son volume d'O ; ce gaz se dégage en partie lorsque l'Ag se solidifie ; si le refroidissement est
brusque, l'argent se boursoufle, *il roche*.

L'Ag est un métal monovalent ; il est attaqué
par le Cl à chaud en donnant le chlorure AgCl.
Il ne s'oxyde pas à l'air.

L'argent n'est guère employé à l'état pur parce
qu'il est trop mou. Combiné au cuivre, il forme
les alliages utilisés pour les monnaies et la bijou-
terie.

	Argent	Cuivre
Pièces de 5 francs	900	100
Pièces de 2, 1 et o fr. 5o	835	165
Bijouterie	800	200

Or : Au = 196,6.

Comment se fait l'extraction de l'or ?

On trouve l'or à l'état libre, et l'or natif est le principal minerai d'or ; la seule difficulté que l'on rencontre dans son extraction est sa grande dissémination ; les sables et les roches aurifères n'en contiennent que de très petites quantités.

Les roches, finement pulvérisées, et les sables sont lavés méthodiquement, de façon à séparer les parties plus légères, entraînées par l'eau, des parties plus lourdes qui contiennent l'or. Ce premier triage mécanique effectué, on traite la masse qui reste par du mercure ou par une solution de cyanure de potassium qui dissolvent l'or et laissent le sable. L'amalgame d'or obtenu dans le premier procédé est chauffé de façon à le détruire ; le mercure distille, et il reste de l'or qui a besoin d'être affiné. Le cyanure double d'or et de potassium, obtenu dans le second procédé, est décomposé par le zinc qui précipite l'or.

Quelles sont les propriétés de l'or ?

L'or est un métal jaune rougeâtre, d'une densité considérable, 19,5. Il fond à 1.045°. C'est de tous les métaux le plus malléable et le plus ductile ; par le battage on peut l'amener à l'état de feuilles n'ayant qu'un millième de millimètre d'épaisseur.

L'or est inaltérable à l'air à toutes les températures ; il résiste à l'action des acides, même à chaud, sauf au mélange d'acide azotique et d'acide chlorhydrique (eau régale).

L'or forme avec le cuivre des alliages utilisés pour les monnaies et pour les objets d'orfèvrerie ;

Alliages	Or	Cuivre
Médailles.	916	84
Monnaies d'or . .	900	100
Orfèvrerie	920	80.

Dissociation et équilibres chimiques.

Qu'entend-on par dissociation et équilibres chimiques ?

On dit qu'un corps se dissocie lorsqu'il se décompose partiellement, sa décomposition se trouvant arrêtée par la présence des corps qui proviennent de cette décomposition.

Exemple : Lorsqu'on chauffe très fortement l'anhydride carbonique, il se décompose partiellement en oxygène et oxyde de carbone :

$$2CO_2 = O_2 + 2CO.$$

Mais, la température restant constante, il s'établit un équilibre entre ces trois gaz, l'anhydride carbonique d'une part, l'oxygène et l'oxyde de carbone d'autre part. Les proportions relatives de ces trois corps resteront les mêmes aussi longtemps qu'on maintiendra constante la température ; on dit que l'anhydride carbonique est dissocié par la chaleur.

Au contraire, quand on chauffe le chlorate de potassium, il se décompose totalement en chlorure de potassium et oxygène ; il ne se dissocie pas, car l'oxygène qui se dégage n'arrête pas la décomposition : $2ClO^3K = 2KCl + 3O^2$.

On appelle *système de dissociation* l'ensemble du corps qui se décompose et des produits de sa décomposition. Un système est dit *en équilibre* quand sa composition ne change plus.

Qu'entend-on par lois de Berthollet ?

Les actions des bases, des acides et des sels sur les sels ont été résumées par Berthollet. Les lois qu'il a données sont généralement exactes ; elles présentent cependant quelques exceptions qui sont, au contraire, conformes aux lois de la thermochimie.

Première loi. — Une base décompose un sel : 1° lorsque la base du sel est volatile ; 2° lorsque la base du sel est insoluble ; 3° lorsque le sel qui peut se former est insoluble.

Deuxième loi. — Un acide décompose un sel : 1° lorsque l'acide du sel est gazeux ou volatil ; 2° lorsque l'acide du sel est insoluble ; 3° lorsque le sel qui peut se former est insoluble.

Troisième loi. — Un sel décompose un sel lorsque, par l'échange des bases et des acides, *il peut résulter : 1° un sel volatil ; 2° un ou deux sels insolubles.*

Qu'est-ce que la thermochimie ?

La thermochimie est l'étude des réactions chimiques au point de vue des quantités de chaleur dégagées ou absorbées par ces réactions.

Elle permet une véritable mesure du travail des forces chimiques et rattache les phénomènes chimiques aux phénomènes mécaniques.

M. Berthelot a mesuré les chaleurs de formation d'un très grand nombre de corps, et il a énoncé, sous leurs formes actuelles, les trois grands principes de la thermochimie (principes : des travaux moléculaires ; de l'état initial et de l'état final ; du travail maximum).

Caractères distinctifs des oxydes, sulfures, et des principaux genres de sels (*chlorures, carbonates, sulfates, azotates*).

Quels sont les caractères distinctifs principaux des oxydes, sulfures, chlorures, carbonates, sulfates, azotates ?

Les *chlorures* solubles donnent, avec l'azotate d'argent, un précipité blanc caillebotté de chlorure d'argent, insoluble dans l'acide azotique, mais très soluble dans l'ammoniaque et l'hyposulfite de sodium ; ce précipité noircit à la lumière. De plus, quand on soumet à l'action de la chaleur un mélange d'acide sulfurique, de bioxyde de manganèse et d'un chlorure quelconque, on obtient du chlore, facilement reconnaissable à son odeur et à sa couleur.

Les *sulfures solubles*, traités par les acides, dégagent de l'hydrogène sulfuré, reconnaissable à son odeur et au précipité noir de sulfure de plomb qu'il forme avec les solutions des sels de plomb.

Les *carbonates* solides ou en dissolution, traités par les acides, donnent lieu à une vive effervescence : il se dégage de l'anhydride carbonique que l'on reconnaît à ce qu'il trouble l'eau de chaux.

Les *sulfates* solubles donnent, avec le chlorure de baryum, un précipité blanc de sulfate de baryum, insoluble dans l'eau et dans les acides. Les sulfates insolubles, mélangés avec du charbon et chauffés au rouge, se transforment en sulfures, faciles à reconnaître au dégagement d'hydrogène sulfuré qu'ils donnent avec les acides.

Les *azotates*, chauffés avec de la tournure de cuivre et de l'acide sulfurique, laissent dégager de l'oxyde azotique (AzO) qui, à l'air, se transforme immédiatement en vapeurs rutilantes (AzO^2). — De plus, quand on mélange une solution d'azotate avec son volume de SO^4H^2 concentré et pur, et qu'après refroidissement on verse goutte à goutte sur ce liquide une solution concentrée de sulfate ferreux, on observe à la surface de séparation, une coloration rose ou brune.

Tous les azotates sont solubles dans l'eau, sauf les azotates basiques (sous-azotate de bismuth). Quatre chlorures seulement sont insolubles : $AgCl$, Hg^2Cl^2, $PbCl^2$, Cu^2Cl^2. Tous les sulfates sont solubles, sauf ceux de Ba, Sr, Ca, Pb. Les carbonates neutres, à l'exception des carbonates alcalins, sont insolubles.

Tous ces sels insolubles peuvent être tranformés en sels solubles si on les fond avec du carbonate de sodium : il se forme ainsi un sel de sodium soluble dans lequel on pourra rechercher l'acide.

CHIMIE ORGANIQUE

Qu'est-ce que la chimie organique ?

La chimie organique est l'étude des composés du *carbone*.

Qu'entend-on par substances organiques ?

Ce sont celles qui peuvent former des combinaisons et présenter des propriétés physiques bien définies qui les rapprochent des composés minéraux. Elles ne renferment généralement que du C, de l'H, de l'O et de l'Az, quelquefois même l'un de ces corps manque, soit l'Az, soit l'O, mais il y a toujours de l'H et du C.

Qu'entend-on par substances organisées ?

Les substances organisées sont des mélanges, en proportions variables, de diverses substances organiques. Elles sont extraites directement des êtres organisés. Telles sont la peau, le lait, le sang, la feuille ; le lait de la vache, par exemple, n'offre pas la même composition que celui de la chèvre ou de la brebis ; l'étude de ces substances fait l'objet de la *chimie biologique*.

Quel est le but de l'analyse élémentaire ?

Elle a pour but la détermination et le dosage des éléments d'un corps organique.

Comment reconnaît-on la présence du C, de l'H, de l'Az et des halogènes (1) dans une substance organique ?

On reconnaît presque toujours *la présence du C* en chauffant la substance à l'abri de l'air ; elle noircit et charbonne.

On constate *la présence de l'H* en chauffant dans un tube, avec de l'oxyde de cuivre, une petite quantité de la substance, préalablement bien desséchée. L'eau provenant de la combustion de l'H est retenue par un tube en U contenant de la ponce sulfurique.

Pour l'azote, on chauffe la substance dans un petit tube avec un fragment de sodium et un peu de CO^3Na^2, on produit du cyanure de sodium ; on reprend par un peu d'eau, on filtre, on ajoute une solution de sulfate ferreux (formation de ferrocyanure), puis $FeCl^3$ et HCl ; un précipité de bleu de Prusse ou une coloration vert bleuâtre indique la présence de l'azote.

Les substances organiques qui renferment des halogènes brûlent ordinairement avec une flamme bordée de vert.

Quel est le principe de l'analyse élémentaire d'une substance non azotée ?

On chauffe la substance dans un tube de verre peu fusible avec de l'oxyde de cuivre dont l'oxygène donne avec le C de l'anhydride carbonique et

---

(1) On appelle halogènes : le Cl, le Br, l'I et le F.

avec l'H de la vapeur d'eau. L'O se dose par différence.

Quel est le principe de l'analyse élémentaire d'une substance azotée ?

Le carbone et l'hydrogène se dosent sous la forme de CO^2 et de vapeur d'eau et l'azote sous forme de AzH^3.

Comment sont constituées les formules des substances organiques ?

Leur emploi est fondé sur l'idée de valence. En

$$Az \overset{\displaystyle H}{\underset{\displaystyle H}{|}} H$$

écrivant l'ammoniaque $Az - H$, nous mettons

en évidence les valences de l'hydrogène et de l'azote, valences qui se saturent deux à deux. C'est la formule développée de l'ammoniaque.

Pour appliquer la même idée aux composés du carbone, on admet : 1° Que le *carbone est*

$$H - \overset{\displaystyle H}{\underset{\displaystyle H}{|}} C - H$$

tétravalent, ex.: le méthane $H - C - H$; 2° que

lorsqu'un corps contient plusieurs atomes de carbone, *chacun de ces atomes échange une ou plusieurs valences avec au moins un autre atome de carbone.* C'est ainsi que l'éthane

C^2H^6 sera représenté par

$$H - \underset{\underset{H}{|}}{\overset{\overset{H}{|}}{C}} - \underset{\underset{H}{|}}{\overset{\overset{H}{|}}{C}} - H, \text{ ou}$$

$CH^3 - CH^3$; l'éthylène C^2H^4 par $\overset{H}{\underset{H}{>}}C = C\overset{H}{\underset{H}{<}}$, ou

$CH^2 = CH^2$; l'acétylène C^2H^2 par $H - C \equiv C - H$
ou $CH \equiv CH$, etc.

Ces carbures et les différents corps qui dérivent du méthane CH^4 constituent ce qu'on appelle la *série grasse*.

Mais on connaît des carbures dans lesquels on admet que les atomes de carbone forment une *chaîne fermée* ou *noyau*, tel que le benzène

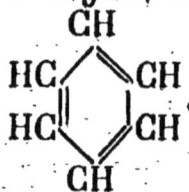

$$\underset{CH}{\overset{\displaystyle CH}{\underset{\displaystyle CH}{\overset{\displaystyle HC \diagup \diagdown CH}{HC \diagdown \diagup CH}}}}$$

Ce noyau jouit de propriétés spéciales, qui ont fait ranger les carbures d'hydrogène contenant une chaîne fermée ou noyau, et les corps qui en dérivent, dans une autre série appelée *série aromatique*.

Qu'entend-on par composés homologues, fonction chimique, groupement fonctionnel?

Les *composés homologues* sont ceux qui diffèrent seulement par un certain nombre de fois CH^2 et qui jouissent de propriétés chimiques très voisines. Ces procédés chimiques caractéristiques constituent ce qu'on appelle la *fonction chimique ?*

Cette fonction chimique, commune à tous les corps d'une série homologue, peut être représentée pour chacun de ces corps par un groupe additionnel que l'on appelle par suite *groupement fonctionnel.*

L'étude des corps ayant la même fonction se trouve donc simplifiée si on les range en séries homologues, car les corps d'une même série homologue ayant des propriétés chimiques analogues, l'étude détaillée du premier terme de la série simplifiera celle des autres termes.

Comment classe-t-on les substances organiques ?

On classe les substances organiques d'après leur fonction chimique. Chacune de ces fonctions correspond dans les formules développées à un groupement fonctionnel :

1° *Carbures d'hydrogène*, composés binaires, ne contenant que du carbone et de l'hydrogène, tels que CH^4, C^2H^4, C^2H^2, C^6H^6, etc. ;

2° *Alcools* et *phénols*, composés ternaires de carbone, d'hydrogène et d'oxygène, qui peuvent être considérés comme dérivant d'un carbure par substitution de OH à H. Ex. : C^2H^5. OH, C^6H^5. OH dérivent de C^2H^6, C^6H^6.

Les alcools dérivent des *carbures gras*, les phénols dérivent des *carbures aromatiques.*

Le groupe le plus important des alcools de la série grasse (*alcools primaires*) a pour groupement fonctionnel CH^2OH unie à un radical monovalent H, ou CH^3 ou C^2H^5, etc. Ex. : alcool méthylique $H.CH^2OH$; alcool éthylique $CH^3.CH^2OH$;

3° *Éthers.* Les éthers résultent de la combinaison des alcools soit avec les acides, soit avec les alcools et élimination d'eau.

Dans le premier cas on a les *éthers sels*, comme l'azotate d'éthyle $AzO^3C^2H^5$, comparable à l'azotate de potassium AzO^3K.

Dans le deuxième cas on a les *éthers oxydes*, comme l'éther ordinaire ou oxyde d'éthyle $\begin{matrix} C^2H^5 \\ C^2H^5 \end{matrix}\Big\rangle O$, comparable à l'oxyde de potassium $\begin{matrix} K \\ K \end{matrix}\Big\rangle O$;

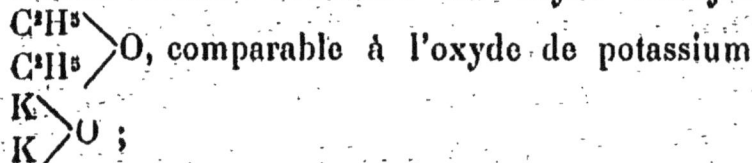

4° *Aldéhydes.* Ils dérivent des alcools par perte d'hydrogène, leur groupement fonctionnel est $- C\big\langle\begin{matrix} O \\ H \end{matrix}$; ex. : aldéhyde ordinaire $CH^3 - C\big\langle\begin{matrix} O \\ H \end{matrix}$, dérive de $CH^3.CH^2OH$;

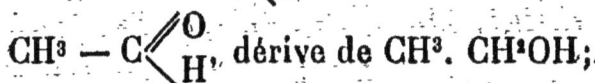

5° *Acides.* Ils dérivent des alcools et des aldéhydes par oxydation. Leur groupement fonctionnel est $CO.OH$;

6° *Amines. Composés azotés.* Les amines ou ammoniaques composées peuvent être considérées comme résultant du remplacement de l'hydrogène de l'ammoniaque par un radical alcoolique, tel que CH^3, ex. : méthylamine $Az\big\langle\begin{matrix} H \\ H \\ CH^3 \end{matrix}$

Leur groupement fonctionnel est $CH^3.AzH^2$;

7° *Amides.* Les amides peuvent être déduits de l'ammoniaque par remplacement de l'oxhydryle du groupe CO.OH par AzH^4, comme $CH^3.CO.AzH^2$, acétamide.

Le groupement fonctionnel est $CO.AzH^2$.

Un même corps peut-il avoir plusieurs fonctions?

Un même corps peut avoir plusieurs fois la même fonction ou plusieurs fonctions différentes. Sa formule contiendra les groupements fonctionnels correspondants. Ex. : la glycérine

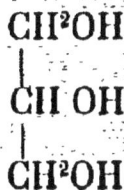

$$\begin{array}{c} CH^2OH \\ | \\ CH\ OH \\ | \\ CH^2OH \end{array}$$

est 3 fois alcool ; l'acide lactique :

$$CH^3—CHOH—CO^2H$$

est à la fois acide et alcool, etc.

Carbures d'hydrogène

Comment classe-t-on les carbures d'hydrogène?

On les divise en un certain nombre de groupes. Chaque groupe comprend les corps dont les propriétés générales et la constitution chimique sont semblables. Les carbures d'un même groupe sont *homologues*; leurs formules ne diffèrent donc que d'une ou plusieurs fois CH^2. On distingue :

Les *carbures saturés* dont la formule générale est $C^n H^{2n} + 2$.

Les *carbures éthyléniques* ou *oléfines* dont la formule générale est $C^n H^{2n}$.

Les *carbures acétyléniques*, de formule générale $C^n H^{2n} - 2$.

Les *carbures aromatiques*, qui se divisent eux-mêmes en plusieurs groupes suivant qu'ils se rattachent au *benzène*, au *naphtalène*, à l'*anthracène*.

Carbures saturés : $C^n H^{2n} + 2$.

Les carbures saturés existent-ils à l'état naturel ?

Ils existent en grande quantité à l'état naturel. On les trouve dans les pétroles d'Amérique, dans les gaz inflammables de Bakou.

Quelles sont les méthodes générales de préparation des hydrocarbures saturés ?

1° On chauffe les acides de la série grasse avec un excès d'alcali :

$$CH^3CO^2Na + NaOH = CO^3Na^2 + CH^4.$$

C'est ainsi qu'on a préparé le méthane en chauffant l'acétate de sodium avec la chaux sodée :

$$CH^3CO^2Na + NaOH = CH^4 + CO^3Na^2.$$

2° En faisant agir le sodium sur les iodures alcooliques (combinaisons de l'I avec un radical *hydrocarburé ou alcoolique*) :

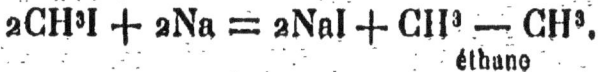

$$2CH^3I + 2Na = 2NaI + CH^3 — CH^3.$$

éthane

Quels sont les principaux carbures saturés ?

Le plus simple de ces carbures est le méthane, CH^4 ; ses homologues supérieurs sont :

$$
\begin{aligned}
&\text{L'éthane} \quad && C^2H^6 \\
&\text{Le propane} \quad && C^3H^8 \\
&\text{Le butane} \quad && C^4H^{10} \\
&\text{Le pentane} \quad && C^5H^{12} \\
&\text{etc...}
\end{aligned}
$$

On voit que tous ces carbures dérivent du méthane par substitution du radical CH^3 à H.

Quelles sont les propriétés caractéristiques des carbures saturés ?

Ils ne donnent que des produits de substitution, aucun produit d'addition ; d'où leur nom de carbures saturés. Les premiers termes (jusqu'au butane inclusivement) sont gazeux ; les suivants sont liquides ; les derniers, solides.

Que savez-vous sur le méthane ?

Le *méthane* CH^4, appelé aussi formène se dégage de la terre dans la plupart des régions pétrolifères et dans les mines de houille où il constitue le grisou. Le gaz d'éclairage en renferme 40 o/o.

M. Berthelot en a fait la synthèse en dirigeant un mélange de H^2S et de CS^2 sur du cuivre chauffé au rouge :

$$CS^2 + 2H^2S + 8Cu = CH^4 + 4Cu^2S.$$

Dans les laboratoires, on l'obtient comme nous avons vu précédemment :

$$CH^3CO^2Na + NaOH = CH^4 + CO^3Na^2.$$

C'est un gaz qui se liquéfie à $— 82°$ sous 55 atm. Il brûle avec une flamme pâle, peu éclairante et forme avec l'O des mélanges qui détonent (explosions de grisou).

Que savez-vous sur l'éthane ?

L'éthane C^2H^6 est un gaz qui se dégage d'une façon continue des couches pétrolifères. On le prépare par la réaction générale :

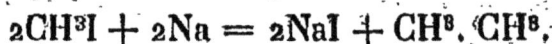

$$2CH^3I + 2Na = 2NaI + CH^3.CH^3.$$

Qu'est-ce que le pétrole ?

Le *pétrole* est un produit de décomposition des matières animales et végétales ; sa composition varie suivant les lieux d'origine ; le pétrole d'Amérique se compose principalement de carbures saturés, tandis que celui du Caucase renferme surtout des carbures aromatiques.

Qu'est-ce que la paraffine ?

La *paraffine* est constituée par les hydrocarbures solides (bouillant au-dessus de 300°) qui résultent de la distillation des goudrons provenant du bois, de la tourbe, des lignites. Certaines paraffines semi-fluides, complétement liquéfiées entre 30 et 40°, portent le nom de *vaseline*, graisse onctueuse, inodore, ne rancissant pas, très employée en pharmacie.

Carbures éthyléniques ou oléfines : C^nH^{2n}.

Quelles sont les méthodes générales de préparation des oléfines ?

1° On enlève une molécule d'eau aux alcools, au moyen de déshydratants, comme SO^4H^2, P^2O^5 :

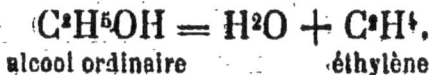

$$C^2H^5OH = H^2O + C^2H^4.$$
alcool ordinaire   éthylène

2° On traite les composés bromés par la potasse alcoolique :

$$C^2H^5Br + KOH = KBr + H^2O + C^2H^4.$$
bromure d'éthyle   éthylène

Quelles sont les propriétés caractéristiques des oléfines ?

Ce sont des carbures non saturés, diatomiques, c'est-à-dire pouvant fixer *par addition* 2 atomes d'H, de Cl ou de tout autre élément monoatomique :

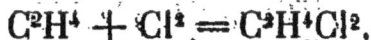

$$C^2H^4 + Cl^2 = C^2H^4Cl^2.$$

Les oléfines sont oxydées par MnO^4K ou CrO^3 ; les carbures saturés ne le sont pas

Les noms des oléfines dérivent des carbures saturés correspondants (c'est-à-dire ayant le même nombre d'atomes de C) par le changement de la désinence *ane* en *ène* : éthane, C^2H^6 ; éthène, C^2H^4 ; propane, C^3H^8 ; propène, C^3H^6 ; etc.

Que savez-vous sur l'éthylène ou éthène ?

$$C^2H^4 \text{ ou } CH^2 = CH^2$$

L'éthylène C^2H^4, existe dans le gaz d'éclairage (5 o/o). On le prépare ordinairement en chauffant de l'alcool avec SO^4H^2 concentré dans un ballon dont le fond est garni de sable :

$$C^2H^5 . OH = H^2O + C^2H^4.$$

Gaz incolore, brûle avec une flamme éclairante, donne avec l'O un mélange détonant. Donne très facilement des produits d'addition ; aussi il s'unit directement au Cl en donnant *l'huile des Hollandais* $C^2H^4Cl^2$ (d'où le nom *d'oléfines* pour ces carbures).

Avec SO^4H^2, il forme l'acide sulfovinique :

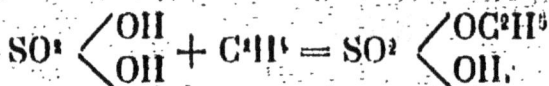

$$SO^2 \begin{cases} OH \\ OH \end{cases} + C^2H^4 = SO^2 \begin{cases} OC^2H^5 \\ OH. \end{cases}$$

Carbures acétyléniques ou éthiniques :
$$C^nH^{2n} - 2.$$

Quelle est leur méthode générale de prépara-tion ?

On traite, par la potasse en solution alcoolique,

les produits d'addition halogénés des oléfines :

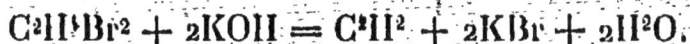

$$C^2H^4Br^2 + 2KOH = C^4H^2 + 2KBr + 2H^2O.$$

Quelles sont leurs propriétés caractéristiques ?

Ce sont des carbures susceptibles de donner des produits d'addition et pouvant ainsi fixer 4 atomes d'un élément monovalent.

Ils précipitent les solutions ammoniacales des sels de cuivre et d'argent. Le plus simple d'entre eux est *l'acétylène* ou *éthine*.

Que savez-vous sur l'acétylène ?

$$C^2H^2 \text{ ou } CH \equiv CH.$$

Ce gaz a été obtenu dans une synthèse importante de M. Berthelot, en faisant éclater l'arc électrique entre deux pôles de charbon dans une atmosphère d'hydrogène ; les deux éléments se combinent directement. L'acétylène prend naissance dans la combustion incomplète d'un grand nombre de produits organiques, par exemple, du gaz d'éclairage. On le produit maintenant à bon marché, en décomposant par l'eau le carbure de calcium fourni par l'industrie :

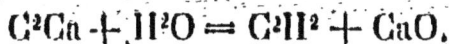

$$C^2Ca + H^2O = C^2H^2 + CaO.$$

C'est un gaz d'une odeur alliacée désagréable. Il brûle avec une flamme très éclairante. Il donne de l'éthane quand on le chauffe dans l'H en présence de la mousse de platine :

$$C^2H^2 + 2H^2 = C^2H^6$$

Sous l'action de l'étincelle électrique, il se combine à l'azote avec formation de HCAz.

Ses homologues supérieurs sont : le propine C^3H^4 ou $CH^3 — C \equiv CH$; le butine C^4H^6 ; etc.

Dérivés halogénés des carbures

Qu'entend-on par dérivés halogénés des carbures ?

Les dérivés halogénés résultent de l'introduction du Cl, du Br, de l'I ou du F dans les carbures que nous venons d'étudier ; ce sont donc des carbures où l'on a remplacé un ou plusieurs atomes d'H par un ou plusieurs atomes d'halogène.

Dans le cas des carbures non saturés, on peut obtenir, outre les produits de substitution, des produits d'addition, tels que le chlorure d'éthylène $C^2H^4Cl^2$ ou $CH^2Cl — CH^2Cl$ (voir éthylène).

Comment prépare-t-on les dérivés halogénés des carbures saturés ?

1° Par l'action du Cl et du Br sur un carbure ; ainsi le méthane et le Cl donnent simultanément les produits de substitution :

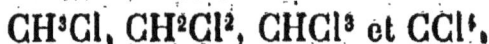

$$CH^3Cl, \ CH^2Cl^2, \ CHCl^3 \ et \ CCl^4,$$

2° Par l'action des hydracides sur les alcools :

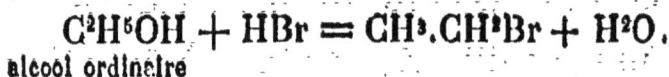

$$C^2H^5OH + HBr = CH^3.CH^2Br + H^2O.$$
alcool ordinaire

3º Au moyen des dérivés halogénés du P et des alcools :

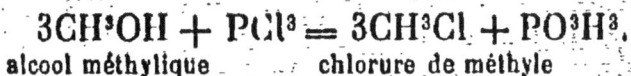

$$3CH^3OH + PCl^3 = 3CH^3Cl + PO^3H^3.$$

alcool méthylique   chlorure de méthyle

Quelles sont les propriétés caractéristiques de ces produits ?

Quelques dérivés halogénés sont gazeux, comme CH^3Cl (chlorure de méthyle), CH^3Br, C^2H^5Cl (chlorure d'éthyle) ; la plupart sont liquides et les termes supérieurs sont solides. Ils sont à peu près insolubles dans l'eau, facilement solubles dans l'alcool et l'éther. La plupart sont combustibles.

Plusieurs termes de cette série à 1 ou 2 atomes de C provoquent l'anesthésie, par ex. : le chloroforme $CHCl^3$, le bromure d'éthyle C^2H^5Br.

Qu'est-ce que le chloroforme ? Préparation et propriétés.

Le chloroforme, $CHCl^3$ dérive du méthane par la substitution successive de 3 atomes d'H. On le fabrique industriellement en traitant l'alcool (ou l'acétone $CH^3.CO.CH^3$) par un mélange de chlorure de chaux et de chaux. Cette opération s'effectue au laboratoire, dans une grande cornue ; la masse se boursoufle beaucoup à cause du dégagement de CO^2. Le chloroforme qui distille est recueilli dans un récipient refroidi. On le purifie en l'agitant d'abord avec SO^4H^2, puis avec de l'eau ; on le dessèche ensuite en le rectifiant sur du $CaCl^2$.

Le chloroforme est un liquide incolore, d'une odeur agréable. Il bout à 60°. Il dissout le S, le P, l'I, les corps gras. Il s'altère peu à peu à l'air. Les vapeurs de $CHCl^3$ mélangées d'air et inhalées produisent rapidement une anesthésie générale complète.

Que savez-vous sur l'iodoforme ?

L'iodoforme, CHI^3 est le dérivé triiodé du méthane. On le prépare en ajoutant peu à peu de l'iode à une solution chaude de carbonate de sodium contenant de l'alcool. Par refroidissement, il se forme de beaux cristaux jaunes d'iodoforme.

Il constitue des paillettes jaunes, d'une odeur forte, safranée. On l'emploie comme antiseptique.

Alcools

Qu'appelle-t-on alcools ? Comment les classe-t-on ?

On désigne sous le nom général *d'alcools* des corps neutres composés de C, H et O, caractérisés par la propriété qu'ils ont de réagir sur les acides, en donnant naissance à des corps, appelés *éthers*, avec élimination d'eau :

$$C^2H^5.OH + AzO^3H = AzO^3.C^2H^5 + H^2O.$$

On voit que cette réaction est analogue à celle

des sels métalliques par réaction d'un acide sur une base.

Au point de vue schématique, on peut considérer les alcools comme des carbures dont un ou plusieurs atomes d'H ont été remplacés par le groupement oxhydrile OH.

Si cette substitution n'a lieu qu'une fois, l'alcool est dit *monoatomique* ; un tel alcool ne donne qu'un éther avec un acide monobasique, exemple : C^2H^5 — OH. Si la substitution porte sur 2 atomes d'H, l'alcool est *diatomique* (exemple : CH^2OH — CH^2OH) ; il peut donner 2 éthers avec un acide monobasique. En général, si la substitution porte sur plusieurs atomes d'H, l'alcool obtenu est *polyatomique* (triatomique, tétra, penta..., etc). La *glycérine* est un alcool triatomique.

Comment nomme-t-on les alcools ?

On ajoute la terminaison *ol* au nom du carbure dont ils dérivent. Ex. : le méthane, CH^4, donne la méthanol $CH^3.OH$; l'éthane $CH^3.CH^3$ donne l'éthanol $CH^3.CH^2OH$. Le propane $CH^4.CH^2.CH^3$ donne deux alcools suivant qu'on remplace un atome d'H des groupements CH^3 ou CH^3 ; on a : $CH^3.CH^2.CH^2OH$ (1. propanol), $CH^3.CH (OH).CH^2$ (2 propanol) ; le premier alcool est dit *primaire*, le deuxième est dit *secondaire*.

Alcool méthylique : CH^3OH.

Comment obtient-on l'alcool méthylique ?
Quelles sont ses propriétés ?

L'alcool méthylique CH^3OH, ou *méthanol*, se
retire des liquides provenant de la distillation
sèche du bois. Cette distillation qui se fait dans
des cylindres de fer, vers 500°, laisse du charbon
comme résidu ; il se dégage des gaz, tels que
CH^4, C^2H^6, et la solution aqueuse appelée *vinai-*
gre de bois renferme du *méthanol*, de l'acide
acétique, de l'acétone, des *goudrons* contenant
des phénols et des carbures.

On traite par la chaux vive et on distille ; seuls
les produits neutres et basiques peuvent, dans
ces conditions, passer à la distillation. On déshydrate par la chaux vive l'alcool aqueux obtenu et
on le rectifie dans des appareils à colonnes.

L'alcool ainsi préparé, suffisant pour les usages
industriels, n'est pas pur, il renferme toujours de
l'acétone.

L'alcool méthylique pur est un liquide mobile,
d'odeur agréable. Il bout à 64°-66° ; il est soluble
dans l'eau C'est un excellent dissolvant des huiles
et des graisses.

Le méthanol industriel est utilisé pour la fabrication de certains vernis et pour la dénaturation
de l'éthanol.

Alcool éthylique : C^2H^5OH.

Comment obtient-on l'alcool ordinaire ? Qu'entend-on par fermentation alcoolique ?

Industriellement, l'alcool s'obtient uniquement par fermentation de liqueurs sucrées. Cette fermentation donne naissance à des liquides alcooliques que l'on distille.

On désigne sous le nom général de *fermentations* les décompositions produites sous l'influence de végétaux ou d'animaux microscopiques qui sont *les ferments*.

La fermentation alcoolique, en particulier, consiste en la décomposition de matières sucrées, telles que *le glucose*, sous l'influence d'un champignon microscopique appelé levure de bière.

Les produits de la décomposition consistent surtout en alcool et anhydride carbonique :

$$C^6H^{12}O^6 = 2C^2H^5OH + 2CO^2.$$

En même temps, il se forme environ 3 o/o de *glycérine*, et o.5 o/o d'*acide succinique*.

Les matières premières qui servent à la fabrication de l'alcool sont les jus sucrés des fruits (vin, cidre) ; les mélasses, résidus de la fabrication du sucre de cannes (rhum) ou de betteraves ; l'amidon des céréales ou des pommes de terre, après sa transformation préalable en glucose sous l'action d'un ferment spécial (diastase de l'orge), ou par l'eau bouillante aiguisée d'un peu de SO^4H^2.

On purifie l'alcool *par distillation fraction-née* : les *produits de tête*, les plus volatils, renferment principalement de l'aldéhyde CH^3CHO, et de l'acétone ; il passe ensuite un alcool à 93-95 o/o ; enfin, viennent les *produits de queue* qui contiennent les homologues supérieurs de l'alcool ordinaire.

Comment obtient-on l'alcool absolu ?

Pour obtenir *l'alcool absolu*, c'est-à-dire ne contenant pas trace d'eau, on le distille à plusieurs reprises avec de la chaux vive ; on enlève les dernières traces d'eau avec de la baryte caustique BaO et on distille une deuxième fois. On doit conserver l'alcool absolu dans des flacons parfaitement bouchés, car il est très hygroscopique.

Quelles sont les propriétés de l'alcool ?

L'alcool est un liquide incolore, très volatil, d'une odeur agréable ; $d = 0,8$. Il bout à 78° et se solidifie à — 135°.

C'est un dissolvant remarquable pour un grand nombre de produits.

Quand on mélange l'alcool et l'eau, il se produit une contraction pouvant atteindre jusqu'à 3 o/o du mélange. Il brûle avec une flamme peu éclairante. Il s'oxyde facilement en donnant de l'aldéhyde et de l'acide acétique.

Les halogènes Cl, Br oxydent d'abord l'alcool en produisant de l'aldéhyde, puis se substituent à l'H de l'aldéhyde.

Le K et le Na agissent sur l'alcool à la température ordinaire ; on a :

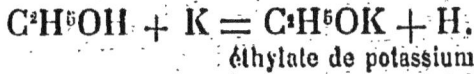

$$C^2H^5OH + K = C^2H^5OK + H.$$

éthylate de potassium

Ether ordinaire ou oxyde d'éthyle : $C^2H^5.O.C^2H^5$.

Quelle est la constitution de l'éther ordinaire ?

Ce corps, appelé improprement éther sulfurique, est un *éther-oxyde* (On appelle éther-oxyde tout composé neutre qui provient de la condensation de deux molécules d'alcool avec élimination d'une molécule d'eau). Dans le cas actuel, on a :

$$2C^2H^5OH = C^2H^5.O.C^2H^5 + H^2O.$$

Comment prépare-t-on l'éther ?

Par l'action de SO^4H^2 sur l'alcool à 140° ; on fait arriver goutte à goutte l'alcool dans un ballon chauffé à 140°, où l'on a préalablement mélangé SO^4H^2 avec une certaine quantité d'alcool.

L'éther qui distille se condense dans un réfrigérant. On le recueille dans l'eau ; il est mélangé d'eau et d'alcool. On le purifie en l'agitant avec de l'eau de chaux, le faisant digérer ensuite sur du $CaCl^2$, puis le rectifiant sur du sodium.

Quelles sont les propriétés de l'éther ?

L'éther est un liquide incolore, d'une odeur forte, caractéristique, d'une saveur brûlante. Il bout à 35°; se solidifie à — 31°.

Soluble dans l'eau ; très soluble dans l'alcool. Excellent dissolvant pour un grand nombre de matières organiques. Il est très inflammable et ses vapeurs forment avec l'air un mélange détonant ; on doit donc le manier avec prudence.

Il est très employé comme anesthésique. Il sert à préparer le *collodion* (dissolution de coton-poudre dans un mélange d'alcool et d'éther).

Aldéhydes

Qu'appelle-t-on aldéhydes ? Quelle est leur constitution ?

On désigne sous le nom général d'*aldéhydes* le premier produit de l'oxydation ménagée d'un alcool *primaire ;* elles en diffèrent donc par deux atomes d'H en moins.

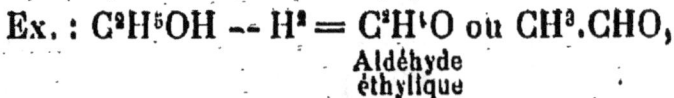

Ex. : $C^2H^5OH -- H^2 = C^2H^4O$ ou $CH^3.CHO$,

Aldéhyde
éthylique

les aldéhydes contiennent le groupement mono-valent — CO =, ou CHO.

$$\mid$$
$$H$$

L'aldéhyde ordinaire correspond à l'alcool éthylique ; sa préparation et ses propriétés sont sensiblement analogues à celles de ses homologues.

Comment prépare-t-on l'aldéhyde ordinaire ?

L'aldéhyde ordinaire ou aldéhyde éthylique ou éthanal ($CH^3.CHO$) se prépare :

1^0 *Par oxydation ménagée de l'alcool* au moyen du bichromate de potassium et de l'acide sulfurique. L'opération se fait dans une cornue que l'on chauffe légèrement :

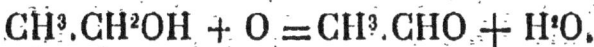

$$CH^3.CH^2OH + O = CH^3.CHO + H^2O.$$

2^0 En chauffant un mélange d'acétate de calcium et de formiate de calcium.

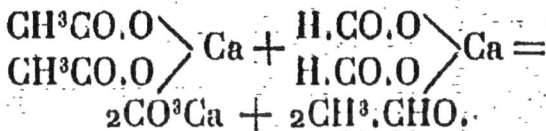

$$\begin{array}{c} CH^3CO.O \\ CH^3CO.O \end{array}\!\!\Big\rangle Ca + \begin{array}{c} H.CO.O \\ H.CO.O \end{array}\!\!\Big\rangle Ca =$$

$$2CO^3Ca + 2CH^3.CHO.$$

Quelles sont les propriétés de l'aldéhyde ordinaire ?

L'aldéhyde est un liquide incolore d'une odeur forte.

Elle bout à 22°. Soluble dans l'eau, l'alcool et l'éther.

Sous l'action de l'H naissant, elle se transforme en alcool.

En l'oxydant par une solution acidulée de permanganate de potassium, on obtient de l'acide acétique.

L'aldéhyde est combustible. Son oxydabilité lui donne des propriétés réductrices ; c'est ainsi qu'elle donne un dépôt rouge d'oxydule de cuivre avec la liqueur de Fehling (sel de cuivre en présence d'un tartrate et d'un alcali).

Elle forme avec le bisulfite de sodium et avec l'ammoniaque des combinaisons cristallisées.

Elle se polymérise facilement, c'est-à-dire que plusieurs molécules se combinent :

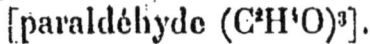

$$\text{[paraldéhyde } (C^2H^4O)^3].$$

Acétones

Qu'appelle-t-on acétones ? Quelle est leur constitution ?

On désigne sous le nom général d'acétones le premier produit de l'oxydation ménagée des alcools *secondaires*.

Les acétones contiennent toutes le groupement CO qui provient de l'oxydation du groupement (CHOH) des alcools secondaires.

Comment obtient-on l'acétone ordinaire ?

L'acétone ordinaire, $CH^3.CO.CH^3$, qui correspond à l'alcool isopropylique ($CH^3.CHOH.CH^3$), s'obtient :

1° En oxydant l'alcool isopropylique :

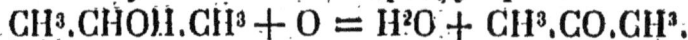

$$CH^3.CHOH.CH^3 + O = H^2O + CH^3.CO.CH^3.$$

2° En distillant l'acétate de calcium :

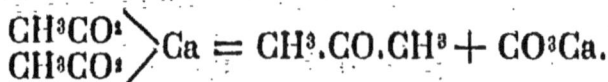

$$\left.\begin{array}{c} CH^3CO^2 \\ CH^3CO^2 \end{array}\right\rangle Ca = CH^3.CO.CH^3 + CO^3Ca.$$

On chauffe l'acétate dans une cornue de grès.

Quelles sont les propriétés de l'acétone ?

Liquide incolore, bouillant à 56°. Soluble dans l'eau, l'alcool et l'éther.

L'H naissant (amalgame de sodium + eau) la transforme en alcool isopropylique.

Les agents oxydants la scindent en acides acétique et formique. Elle est combustible et brûle avec une flamme bleue.

Elle forme une combinaison cristallisée avec le bisulfite de sodium. On utilise cette combinaison pour la purification de l'acétone.

Amines

Qu'appelle-t-on amines ?

On donne le nom d'*amines* ou *d'ammoniaques composées* à des bases qui dérivent de l'ammoniaque par substitution de radicaux hydrocarbonés (CH^3, C^4H^5) à l'hydrogène de AzH^3.

Si la substitution a porté sur un seul atome d'H, l'amine est primaire ; elle est secondaire ou tertiaire si la substitution a porté sur deux ou trois atomes d'H.

Exemple :

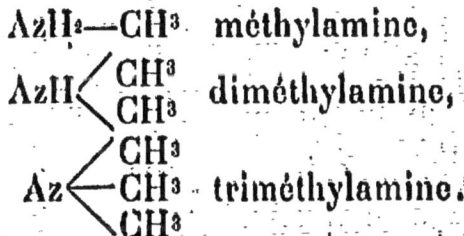

$$AzH^2{-}CH^3 \quad \text{méthylamine,}$$

$$AzH\left\langle\begin{matrix}CH^3\\CH^3\end{matrix}\right. \quad \text{diméthylamine,}$$

$$Az\left\langle\begin{matrix}CH^3\\CH^3\\CH^3\end{matrix}\right. \quad \text{triméthylamine.}$$

Comment obtient-on les méthylamines ? Quelles sont leurs propriétés ?

La *méthylamine* CH³AzH² peut s'obtenir en chauffant de l'ammoniaque avec de l'iodure de méthyle :

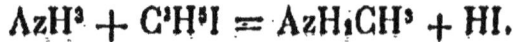

$$AzH^3 + C^2H^3I = AzH_2CH^3 + HI.$$

Elle se forme dans la distillation des os et du bois. C'est un gaz à odeur ammoniacale, très soluble dans l'eau. Sa dissolution précipite les sels métalliques et dissout l'oxyde de cuivre avec une couleur bleue ; mais elle peut brûler au milieu de l'air, tandis que le gaz ammoniac n'est pas combustible.

La *diéthylamine* AzH(CH³)² est un liquide bouillant à 8°.

La *triméthylamine* Az(CH³)³ est un liquide huileux bouillant à 9°, d'une odeur de poisson pourri. Elle se produit en grande quantité dans la calcination de la vinasse de betteraves (résidu de la distillation des mélasses de betteraves).

Acides

Qu'appelle-t-on acides organiques ? Leur constitution ?

Ce sont des corps pouvant donner, comme les acides minéraux, des sels par substitution d'un métal à un ou plusieurs atomes d'H, et des éthers par réaction sur les alcools.

Les acides organiques dérivent des alcools primaires dans lesquels le groupe CH^2OH a été transformé par oxydation en groupe CO^2H, groupe caractéristique de la fonction acide.

Acide acétique : CH^3CO^2H

Comment prépare-t-on l'acide acétique ?

1º *Vinaigre*. L'acide acétique se forme quand on abandonne à l'air de l'alcool dilué (15 o/o d'alcool) en présence de certains ferments qui constituent la *mère du vinaigre, mycoderma aceti*. Le vinaigre ordinaire est un liquide aqueux renfermant de 3 à 5 o/o d'acide acétique. Il provient de l'acétification du vin, qu'on abandonne dans des tonneaux ouverts, en présence d'un peu de vinaigre chargé de mycoderma (le milieu acide favorise le développement du ferment).

2º *Acide acétique industriel*. La majeure partie de l'acide acétique, celle qui est utilisée dans l'industrie et en chimie, provient de la distillation du bois, dont nous avons parlé à propos de l'acool méthylique. La partie aqueuse renferme de l'acide acétique, de l'acétone, de l'alcool méthylique.

On la sature de craie et de chaux éteinte ; l'acétate de chaux impur qui en résulte est décomposé par SO^4Na^2 ; on obtient de l'acétate de soude qu'on chauffe à 250º et qu'on fait cristalliser. On le chauffe avec SO^4H^2 et on obtient par distillation de l'acide acétique.

Pour l'avoir *anhydre, cristallisable,* on part de l'acétate de soude fondu et de SO^4H^2.

Quelles sont les propriétés de l'acide acétique ?

C'est un liquide incolore bouillant à 118°, cristallisable vers 17° ; soluble dans l'eau, l'alcool et l'éther. Il est un peu plus lourd que l'eau. Il forme des sels avec la plupart des métaux ; les acétates de cuivre et de plomb sont très employés dans le commerce et l'industrie.

Comment obtient-on l'anhydride acétique ?

L'anhydride acétique $(CH^3CO^2)^2O$ se prépare en faisant réagir le chlorure d'acétyle sur l'acétate de sodium fondu :

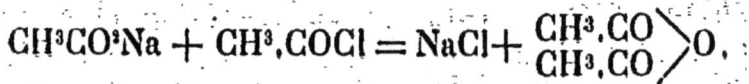

$$CH^3CO^2Na + CH^3,COCl = NaCl + \begin{matrix} CH^3,CO \\ CH^3,CO \end{matrix}\Big\rangle O.$$

C'est un liquide incolore, bouillant à 139°. Au contact de l'eau, il s'hydrate lentement en donnant de l'acide acétique ordinaire.

Acide oxalique : $C^2O^4H^2$.

Quelle est la constitution de l'acide oxalique ?

L'acide oxalique est un acide bibasique, c'est-à-dire qu'il a 2 atomes d'H remplaçables par un métal. Sa formule est CO^2H, CO^2H.

Comment prépare-t-on l'acide oxalique ? Ses propriétés ?

On peut le préparer avec le sel d'oseille (oxalate de potassium). Le procédé le plus employé est fondé sur l'oxydation de la cellulose en présence des alcalis. On chauffe jusque vers 250°, dans un cylindre en tôle, 100 parties de sciure de bois et 200 parties d'un mélange de soude et de potasse caustiques. Il se forme de l'oxalate de sodium qu'on dissout dans l'eau. On le traite par la chaux qui donne de l'oxalate de calcium qu'on décompose enfin par l'acide sulfurique.

L'acide oxalique se présente en petits cristaux blancs contenant 2 molécules d'eau :

$$C^2H^2O^4 + 2H^2O.$$

Soluble dans l'eau et l'alcool. C'est un poison violent à la dose de 8 à 10 gr.

Acide lactique : $CH^3 . CHOH . CO^2H$.

Quelle est la constitution de l'acide lactique ?

L'acide lactique est un acide monobasique, qui est même temps alcool secondaire, et qui possède à la fois les propriétés de l'un et de l'autre. Il correspond au propane $CH^3-CH^2-CH^3$. La formule de constitution est : $CH^3 — CHOH — CO^2H$.

Comment prépare-t-on l'acide lactique ? Quelles sont ses propriétés ?

On le prépare en faisant subir au sucre de lait

8

une fermentation spéciale, la *fermentation lactique*.

On abandonne à la fermentation un mélange de lait, de fromage et de carbonate de calcium. Il se développe un ferment spécial, le *ferment lactique*, qui transforme le sucre de lait en acide lactique. Celui-ci est neutralisé à mesure qu'il se forme par le carbonate de calcium (s'il n'était pas neutralisé, il arrêterait la fermentation) On sépare le lactate de calcium, on le fait cristalliser, on le décompose par SO^4H^2 étendu ; l'acide lactique est mis en liberté.

C'est un liquide incolore, sirupeux, incristallisable. Sous l'action de la chaleur, il se transforme en acide dilactique, puis en *lactide* (anhydride lactique).

Amides

Qu'entend-on par amides ? Quelle est leur constitution chimique ?

On désigne sous le nom d'*amides* des composés azotés qui dérivent des sels ammoniacaux par perte d'eau.

Le sel ammoniacal d'un acide monobasique perdant 2 molécules d'eau donne une *monamide*.

Exemple :

$$CH^3CO^4AzH^4 — H^2O = (CH^3CO) AzH^2.$$

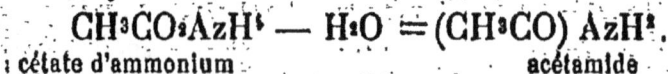

   acétate d'ammonium   acétamide

Le sel ammoniacal neutre d'un acide bibasique

perdant 2 molécules d'eau, donne une *diamide*.
Exemple :

$$CO^3(AzH^4)^2 - 2H^2O = CO(AzH^2)^2.$$

carbonate d'ammonium   diamide carbonique ou urée

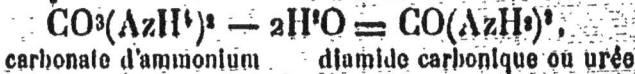

Comment obtient-on l'acétamide ? Quelles sont les propriétés ?

1º Par l'action de la chaleur sur un sel ammoniacal :

$$CH^3.CO^2.AzH^4 = H^2O + CH^3CO.AzH^2.$$

2º Par l'action de l'ammoniaque sur un chlorure d'acide :

$$CH^3COCl + 2AzH^3 = AzH^4Cl + CH^3CO.AzH^2.$$

L'acétamide est un corps solide, cristallisable, soluble dans l'eau et l'éther. Chauffée avec de l'eau à 200º, en vase clos, elle redonne le sel ammoniacal qui lui correspond.

Comment obtient-on l'urée ? Quelles sont ses propriétés ?

L'urée s'extrait généralement de l'urine qui en renferme une assez grande quantité. On peut encore l'obtenir :

1º Par l'action de l'ammoniaque sur le carbonate d'éthyle :

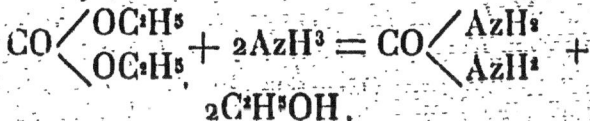

$$CO\Big\langle{}^{OC^2H^5}_{OC^2H^5} + 2AzH^3 = CO\Big\langle{}^{AzH^2}_{AzH^2} + 2C^2H^5OH.$$

2º Par l'action de AzH³ sur l'oxychlorure de carbone :

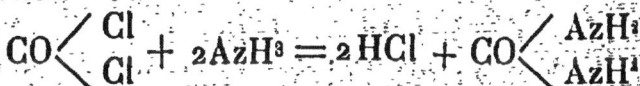

$$CO\Big\langle{}^{Cl}_{Cl} + 2AzH^3 = 2HCl + CO\Big\langle{}^{AzH^2}_{AzH^2}$$

L'urée est cristallisée en prismes incolores très solubles dans l'eau et l'alcool, insolubles dans l'éther, possédant une saveur fraîche ; elle fond à 132°. Sous l'action de la chaleur elle se décompose en acide cyanique et AzH^3.

Ethers-sels

Qu'appelle-t-on éthers-sels ? Comment les obtient-on ?

On désigne sous le nom d'*éthers-sels* des composés résultant de la réaction d'un acide sur un alcool.

Exemple :

$$AzO^3H + C^2H^5OH = AzO^3C^2H^3 + H^2O,$$
azotate d'éthyle

$$CH^3CO^2H + C^2H^5OH = CH^3CO^2C^2H^5 + H^2O,$$
acétate d'éthyle

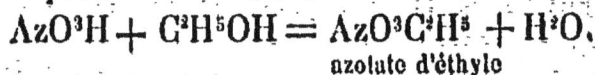

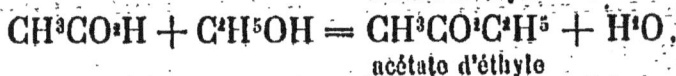

On les obtient soit en faisant réagir directement l'acide sur l'alcool, soit en faisant réagir l'alcool sur un mélange de SO^4H^2 et d'un sel de l'acide (Ex. : action de l'alcool sur un mélange d'acétate de sodium et de SO^4H^2).

Glycérine, corps gras, bougies, savons

Quelle est la constitution chimique de la glycérine ? Préparation et propriétés ?

La glycérine est l'alcool triatomique correspondant au propane $CH^3CH^2CH^3$. Elle a donc pour formule : $CH^2OH—CHOH—CH^2OH$, c'est-à-dire qu'elle est deux fois alcool primaire et une fois alcool secondaire.

Elle s'obtient en grande quantité comme résidu de la préparation des acides gras et des savons.

C'est un liquide sirupeux, incolore, d'une saveur sucrée. Elle bout à 285°. Elle cristallise difficilement ; elle est soluble dans l'eau et l'alcool ; elle est très hygroscopique.

En raison de sa triple fonction alcool, elle peut donner 3 catégories d'éthers, suivant que 1, 2 ou 3 groupes OH sont remplacés par des radicaux alcooliques ou acides. Un des éthers les plus importants est celui qui résulte de la combinaison de la glycérine avec 3 molécules d'acide azotique, c'est la *nitroglycérine* $C^3H^5 (OAzO^2)^3$, qui mélangée avec du sable constitue la *dynamite*.

De quoi sont formés les corps gras ?

Les corps gras, graisses et huiles de toutes sortes (suif, saindoux, beurre, huiles de palme, d'olives) sont presque exclusivement formés d'un mélange de *glycérides*, c'est-à-dire d'éthers composés de la glycérine. Les principaux acides qui concourent à la formation de ces glycérides sont les *acides palmitique*, *stéarique* et *oléique* ; on désigne ces éthers sous le nom abrégé de palmitine, stéarine, et oléine. L'oléine se trouve principalement dans les huiles fluides.

Comment fabrique-t-on la bougie ?

On chauffe à l'autoclave, à 170°, des graisses avec de l'eau et de la chaux ; il se forme des palmitate, stéarate et oléate de calcium et la glycérine est mise en liberté. On décompose les sels de calcium des acides gras par SO^4H^2. Le mélange semi-fluide des trois acides est séparé de l'acide oléique liquide par compression entre des plaques chaudes. La masse solide qui reste est ensuite fondue avec un peu de cire ou de paraffine pour empêcher la cristallisation pendant le refroidissement et on la coule dans des moules pour en faire des cierges ou des bougies.

Qu'appelle t-on savons ? Comment les obtient-on ?

On appelle *savons* les sels des trois acides gras, proprement dits, palmitique, stéarique, oléique ; ces sels sont la plupart insolubles, *sauf ceux à base d'alcali*. Les savons de soude sont solides ; les savons de potasse sont mous.

On fabrique les savons durs avec les diverses matières grasses (huiles et graisses) qu'on saponifie par des lessives de soude à l'ébullition. On sépare le savon de l'eau en ajoutant une lessive de soude *salée* ; le savon vient surnager le mélange d'eau, de soude et de glycérine. Les savons de potasse, ou *savons noirs*, s'obtiennent de la même manière ; mais au lieu de les précipiter par NaCl, on évapore jusqu'à consistance butyreuse ; les savons mous renferment donc de la glycérine.

Glucose, saccharose, amidon, cellulose

Qu'entend-on par glucoses ?

On désigne sous le nom général de *glucoses* des corps possédant à la fois les propriétés des alcools et celles des aldéhydes. Leur formule générale est $C^6H^{12}O^6$ ou $CH^2OH.(CHOH)^4.CHO$. Comme les aldéhydes, ils jouissent de propriétés réductrices. Comme les alcools, ils peuvent donner des éthers. Les glucoses peuvent subir directement la fermentation alcoolique en présence de la levure de bière.

On peut prendre comme type de glucoses : le *glucose ordinaire* ou sucre de fécule.

Comment prépare-t-on le glucose ordinaire ? Quelles sont ses propriétés ?

Le glucose existe dans la plupart des fruits mûrs, dans le miel ; on le trouve aussi dans l'urine des diabétiques.

Il se prépare au moyen de l'amidon. On peut transformer celui-ci en glucose : 1° par ébullition avec SO^4H^2 étendu ; 2° par l'action de la diastase de l'orge germée sur l'amidon à 70°.

Le glucose est un solide blanc qui se présente en cristaux ayant pour formule $C^6H^{12}O^6 + H^2O$. Inodore, saveur sucrée, soluble dans l'eau. Il est dextrogyre. On emploie le glucose dans la fabrication de l'alcool, des liqueurs, et en confiserie.

Qu'entend-on par saccharoses ?

Les saccharoses peuvent être considérés comme résultant de la combinaison de deux molécules de glucose, avec élimination d'une molécule d'eau : $C^6H^{12}O^6 + C^6H^{12}O^6 - H^2O = C^{12}H^{22}O^{11}$, saccharose.

Ils se distinguent des glucoses, en ce qu'ils ne peuvent pas fermenter directement, et qu'ils ne sont pas réducteurs. On peut prendre comme type des saccharoses le *sucre ordinaire*.

Sous quels états trouve-t-on le sucre ordinaire dans la nature ? D'où l'extrait-on ?

Le sucre existe dans un grand nombre de végétaux. On le trouve dans la carotte, le maïs, les melons, la betterave et la canne à sucre. C'est de ces deux derniers végétaux qu'on l'extrait principalement. En Europe, on l'obtient uniquement avec la betterave.

Qu'est-ce que l'amidon et la cellulose ? Comment les obtient-on ?

L'amidon et la cellulose sont des principes neutres contenus dans les végétaux et formés par du C uni à de l'O et à de l'H dans les proportions de l'eau. L'acide sulfurique étendu les transforme en glucoses. L'acide azotique concentré donne avec eux des produits détonants ; étendu et bouillant, il les transforme en acide oxalique.

On extrait l'*amidon* des farines et des tubercules (pommes de terre, patates). Pour l'extraire des

farines, on pétrit celles-ci sous un mince filet d'eau,
les grains d'amidon sont entraînés, le *gluten* reste
sous la forme d'une masse élastique. Quant aux
tubercules, on les râpe, on les lave, on les tamise
avec l'eau; l'amidon se dépose; l'amidon des
tubercules se nomme ordinairement *fécule*.

L'amidon constitue une poudre blanche insoluble dans l'eau froide, l'alcool et l'éther. Au contact de l'eau vers 60°, il se gonfle et se transforme
en *empois*. Maintenu longtemps à 100°, il se transforme en amidon soluble.

La cellulose forme les parois des jeunes cellu-
les. Le coton, la moelle de sureau, le papier, le
bois sont constitués par de la cellulose plus ou
moins pure. On obtient la cellulose pure en traitant de la ouate successivement par la potasse,
l'acide acétique étendu, l'eau de chlore, l'eau,
l'alcool et l'éther.

C'est une substance blanche, plus lourde que
l'eau, insoluble dans les dissolvants habituels, se
dissolvant dans la liqueur de Schweitzer. Une
ébullition prolongée avec une solution de SO^4H^2 à
5 o/o la transforme en glucose, (sucre de bois, de
chiffons).

Le *celluloïd* est un mélange de cellulose nitri-
que et de camphre.

Cyanogène, acide cyanhydrique, cyanures

*Quelle est la constitution chimique du cyano-
gène et de l'acide cyanhydrique ?*

Ces sont des *nitriles* ; on désigne sous ce nom
des corps qui dérivent des sels ammoniacaux à
acides organiques par la perte d'un nombre de
fois $2H^2O$ égal à celui des atomes d'Az contenus
dans le sel ammoniacal.

Exemple :

$$\left. \begin{array}{l} CO^2AzH^4 \\ | \\ CO^2AzH^4 \end{array} \right. - 4H^2O = \left. \begin{array}{l} CAz \\ | \\ CAz, \end{array} \right.$$

Oxalate d'ammonium   Cyanogène

$$HCO^2AzH^4 - 2H^2O = HCAz.$$

Formiate d'ammonium   Acide cyanhydrique

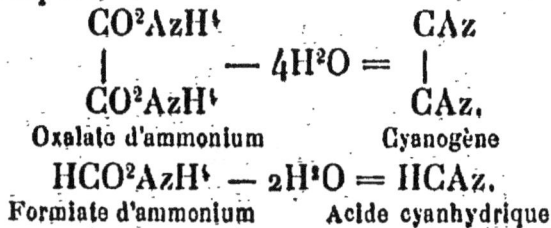

Cette déshydratation peut se réaliser en chauffant le sel ammoniacal avec de l'anhydride phosphorique.

*Comment obtient-on le cyanogène ? Quelles
sont ses propriétés ?*

On décompose par la chaleur du cyanure de
mercure :

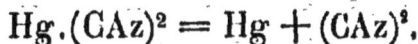

$$Hg.(CAz)^2 = Hg + (CAz)^2.$$

L'opération se fait dans une cornue en verre ;
on recueille le gaz sur une cuve à mercure ; il
reste dans la cornue une matière solide brune, le

paracyanogène qui a la même composition que le cyanogène.

Ce dernier est un gaz incolore, odeur vive et pénétrante, irrite les yeux et les muqueuses nasales, assez soluble dans l'eau. Il brûle avec une flamme pourpre caractéristique en donnant CO^2 et Az. Il est délétère.

Comment obtient-on l'acide cyanhydrique ? Quelles sont ses propriétés ?

On prépare HCAz en décomposant le ferrocyanure de potassium $Fe(CAz)^6K^4$ par l'acide sulfurique *étendu.*

On recueille le produit dans un ballon entouré d'un mélange réfrigérant.

HCAz anhydre est un liquide incolore, odeur d'amandes amères.

Il brûle avec une flamme violacée et donne H^2O, CO^2 et Az.

C'est un des poisons les plus violents qu'on connaisse.

Comment prépare-t-on les cyanures ?

Les cyanures les plus utilisés dans l'industrie sont les ferrocyanures, ferricyanures et cyanure de potassium.

Les *ferrocyanures* répondent à la formule $4KCy, FeCy^2$. On les obtient en calcinant d'abord certaines matières animales (sang, corne, cuirs), puis chauffant le charbon azoté ainsi obtenu avec du CO^3K^2 et du fer. (Il se forme ainsi du KCy et du FeCy). En lessivant la masse avec de l'eau, on obtient par cristallisation, de gros prismes de cyanure jaune.

Si on traite le ferrocyanure de potassium par un sel ferrique, on obtient un beau précipité bleu (*bleu de Prusse*).

Si on décompose le ferrocyanure par la chaleur, on obtient le cyanure de potassium, *KCy*.

En chauffant le ferrocyanure en présence d'un courant de chlore, on obtient le *ferricyanure* ou *cyanure rouge* :

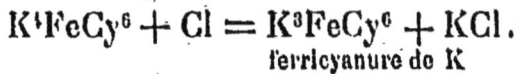

$$K^4FeCy^6 + Cl = K^3FeCy^6 + KCl.$$
ferricyanure de K

Le ferricyanure cristallise en prismes rouges.

Gaz d'éclairage. Carbures benzéniques

Comment obtient-on le gaz d'éclairage ? Quels sont ses produits secondaires ?

Le *gaz d'éclairage* s'obtient en distillant de la houille dans des cornues de terre réfractaire ; le résidu de la distillation est le *coke*. Les gaz chauds traversent un cylindre rempli d'eau où ils abandonnent une partie de leurs *produits ammoniacaux* et de *leurs goudrons*, puis on leur fait subir une épuration complète (épuration physique et épuration chimique).

Le gaz d'éclairage prêt à être employé renferme principalement :

CH^4, H, CO, CO^2, Az, O, C^4H^2.

Les *goudrons* renferment surtout des carbures benzéniques tel que le benzène, le toluène, le naphtalène, l'anthracène ; ils renferment également ment des phénols tels que le phénol ordinaire et ses homologues ; enfin des composés basiques tels que l'aniline.

Comment obtient-on le benzène ? Quelles sont ses propriétés ?

Le benzène s'extrait des portions d'huile de goudron qui passent à la distillation vers 80-85°. On l'obtient à peu près pur au moyen de distillations répétées suivies de congélation.

C'est un liquide mobile, bouillant à 80° ; facilement congelable, fondant à + 5°. Il brûle avec une flamme éclairante et fuligineuse. C'est un bon dissolvant pour les graisses.

Le benzène et ses homologues se combinent facilement à AzO^3H et SO^4H^2 pour donner des dérivés nitrés et sulfonés :

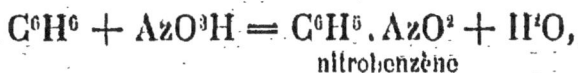

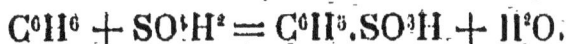

$$C^6H^6 + AzO^3H = C^6H^5 . AzO^2 + H^2O,$$
nitrobenzène

$$C^6H^6 + SO^4H^2 = C^6H^5 . SO^3H + H^2O.$$

Ces réactions, caractéristiques pour les carbures benzéniques, n'ont pas lieu avec les carbures de la série grasse.

Les carbures benzéniques sont bien plus difficiles à oxyder que les carbures de la série grasse. Ils peuvent fixer par réduction jusqu'à 6 atomes d'H. Ainsi C^6H^6 donnera un hexahydrure C^6H^{12}.

L'homologue supérieur du benzène est le *toluène*, C^6H^5-CH^3. On l'extrait de l'huile de goudron comme le benzène. Il se forme dans la distillation sèche du baume de Tolu.

Le toluène est un liquide ressemblant beaucoup au benzène, bouillant à 110°, ne se solidifiant pas encore à — 100°.

Quelle est la constitution du naphtalène ? Comment l'extrait-on ?

On connaît des carbures qui renferment deux ou plusieurs noyaux benzéniques : le *naphtalène* $C^{10}H^8$ résulte de l'union de deux de ces noyaux, et peut être réprésenté par le schéma.

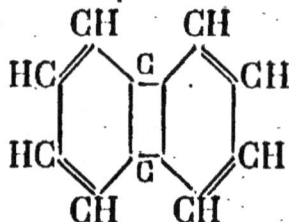

Ce produit se trouve dans la fraction du goudron de houille qui passe à la distillation entre 180° et 200°. Il cristallise en feuillets brillants, à odeur pénétrante et caractéristique, fondant à 80° distillant à 218°. Insoluble dans l'eau, soluble dans l'alcool chaud et l'éther. Employé dans beaucoup de préparations organiques.

Des huiles lourdes du goudron de houille qui bouillent de 250 à 350°, on retire *l'anthracène* formé de deux noyaux benzéniques unis par deux radicaux méthènes :

Phénols

Qu'entend-on par phénols ? Caractères distinctifs ?

Les phénols sont des dérivés oxygénés des carbures benzéniques ; leur caractère chimique les fait placer entre les alcools et les acides. Ils dérivent des carbures benzéniques, absolument comme les alcools dérivent des carbures saturés par la substitution d'un groupement OH à un ou plusieurs H du noyau.

Exemple : le phénol ordinaire C^6H^5OH.

On prépare les phénols dans l'industrie en fondant les sels alcalins des dérivés sulfonés avec de la soude ou de la potasse :

$$C^6H^5SO^3Na + NaOH = C^6H^5OH + SO^3Na^2.$$

Les phénols peuvent, comme les alcools, donner des éthers simples et composés. Mais tandis que l'oxydation d'un alcool donne une aldéhyde et un acide, rien de semblable ne se produit avec un phénol. De plus, les phénols donnent des dérivés nitrés, sulfonés et chlorés comme les carbures benzéniques.

Comment obtient-on le phénol ordinaire ? Quelles sont ses propriétés ?

Le phénol ordinaire C^6H^5OH ou acide phénique s'extrait des huiles moyennes provenant de la distillation du goudron de houille.

Le phénol pur est cristallisé en aiguilles incolores. Il fond vers 42°, bout à 181°5. Odeur caractéristique ; saveur brûlante.

Il est un peu soluble dans l'eau (eau phéniquée). Il est vénéneux et antiseptique. A l'air il se colore souvent en rouge.

Qu'est-ce que l'acide picrique ?

L'acide picrique, ou *trinitrophénol*,

$$C^6H^2(AzO^2)^3OH,$$

est un dérivé nitré du phénol. Il se forme dans l'action de AzO^3H concentré sur le phénol. C'est un acide très fort, en cristaux jaunes fondant à 122°, peu solubles dans l'eau. Il détone si on le chauffe sans précautions. Les picrates sont des explosifs redoutables. L'acide picrique est employé comme explosif (*mélinite*) et comme matière colorante pour la laine et la soie.

Amines aromatiques : Aniline

Comment obtient-on les amines aromatiques ?

On obtient les amines aromatiques par réduction des dérivés nitrés des carbures benzéniques :

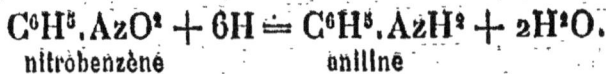

$$C^6H^5.AzO^2 + 6H = C^6H^5.AzH^2 + 2H^2O.$$
nitrobenzène   aniline

Cette réduction s'effectue soit au moyen du $Fe + HCl$ ou du fer et de l'acide acétique.

Dites ce que vous savez sur l'aniline ?

L'aniline, $C^6H^5AzH^2$, ou phénylamine, est une amine aromatique que l'on trouve dans le goudron de houille et dans l'huile d'os. On la prépare industriellement en réduisant le nitrobenzène par Fe + HCl et chassant l'aniline formée par distillation dans un courant de vapeur d'eau. C'est un liquide huileux, incolore, odeur caractéristique. Bout à 184°. Peu soluble dans l'eau, soluble dans l'alcool. Très toxique. Exposé à l'air, il brunit.

L'aniline donne avec les acides des sels bien cristallisés. Elle sert de base à la fabrication d'un grand nombre de matières colorantes qui ont détrôné les couleurs végétales.

Substances organiques azotées : Albumine

Qu'entend-on par matières albuminoïdes ?

On désigne sous ce nom l'ensemble des principes azotés amorphes que l'on rencontre dans les organes des animaux ou dans les tissus végétaux. Telles sont l'*albumine*, qui se trouve dans le blanc d'œuf, la *caséine*, qui est contenue dans le lait, la *fibrine* qui est contenue en dissolution dans le plasma du sang.

Les matières albuminoïdes sont solides, incristallisables, colloïdales, inodores et incolores.

9

Que savez-vous sur l'albumine ?

Le blanc d'œuf est constitué par de l'albumine à peu près pure. On trouve également l'albumine dans le sang. Elle est soluble dans l'eau.

À l'état sec, elle constitue un solide blanc jaunâtre, sans odeur, ni saveur. L'albumine en solution, chauffée vers 70°, se *coagule*, c'est-à-dire se transforme en une masse blanche amorphe insoluble dans l'eau (blanc d'œuf cuit) ; l'alcool et certains acides (acétique, métaphosphorique) facilitent la coagulation de l'albumine.

Principes extraits des végétaux (*quinine, morphine, amygdaline*)

Qu'entend-on par alcaloïdes ? Quelles sont leurs propriétés ?

On désigne sous ce nom des substances azotées extraites des végétaux et douées de propriétés basiques. On les rencontre en général dans les plantes à l'état de combinaisons salines avec des acides organiques (acétique, malique, etc.). Leurs sels sont décomposées par la potasse et la soude. Leurs propriétés générales les rapprochent des ammoniaques composées. La plupart des alcaloïdes sont solides, cristallisés. Ce sont des poisons violents.

Ils sont peu solubles dans l'eau, solubles dans l'alcool, le chloroforme. Comme types d'alcaloïdes on peut citer la *quinine* et les alcaloïdes de l'*opium* (morphine, codéïne, etc.).

Qu'est-ce que la quinine ? Quelles sont ses propriétés ?

La *quinine* $C^{20}H^{21}Az^2O^4$, $3HO^1$ est un alcaloïde que l'on extrait de l'écorce du quinquina. Elle constitue une masse blanche cristalline, de saveur amère. C'est une base puissante formant avec les acides des sels cristallisables. Le sel le plus employé est le *sulfate de quinine*, qu'on utilise en médecine comme fébrifuge.

Qu'est-ce que la morphine ? Quelles sont ses propriétés ?

La *morphine*, $C^{17}H^{19}AzO^3$, H^2O est un alcaloïde que l'on extrait de l'opium. L'*opium* est le suc laiteux qui s'écoule des incisions faites aux capsules de pavot ; ce suc se coagule à l'air et brunit en desséchant ; il renferme 10 à 12 o/o de morphine.

La morphine constitue des cristaux incolores, sans odeur, saveur amère ; à peine soluble dans l'eau froide, un peu soluble dans l'alcool. C'est un poison violent. Elle est très oxydable et possède un grand pouvoir réducteur. Son sel le plus employé est le *chlorhydrate de morphine*, aiguilles soyeuses, légères, qu'on utilise en médecine pour diminuer la douleur et amener le sommeil.

Qu'est-ce que l'amygdaline ? Qu'entend-on par glucoside ?

L'amygdaline $C^{20}H^{27}AzO^{11}$ est un *glucoside* que l'on trouve dans les amandes amères, les feuilles de laurier-cerise, les noyaux de pêches, de cerises (On désigne sous le nom spécial de *glucosides* une série de composés du règne végétal, qui, sous l'action des acides, des alcalis ou de certains ferments, se dédoublent en différents produits, dont l'un est un glucose).

Les *acides étendus* décomposent l'amygdaline en aldéhyde benzoïque, glucose et acide cyanhydrique :

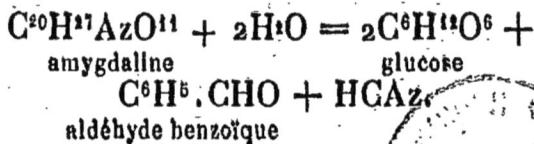

$$C^{20}H^{27}AzO^{11} + 2H_2O = 2C^6H^{12}O^6 +$$

amygdaline   glucose

$$C^6H^5.CHO + HCAz.$$

aldéhyde benzoïque

TABLE DES MATIÈRES

I. — NOTIONS GÉNÉRALES

II. — MÉTALLOIDES

III. — MÉTAUX

IV. — CHIMIE ORGANIQUE

LAVAL. — IMPRIMERIE L. BARNÉOUD & Cⁱᵉ.

www.ingramcontent.com/pod-product-compliance
Lightning Source LLC
Chambersburg PA
CBHW062012200326
41519CB00017B/4770